第七届世界草莓大会系列译文集－18

圣诞红与浆果之星

草莓种植手册

［韩］郑钟道 等　著

张运涛 李 纲 王桂霞 常琳琳 主译校

中国农业出版社

北　京

预　祝

“第18届中国（济南）草莓文化旅游节
暨首届亚洲草莓产业研讨会”
（2019年12月18～20日）

圆 满 成 功

鸣　谢

感谢山东省济南市历城区人民政府对本次大会的支持和对本书出版的资助！

本书得到科技部国家重点研发计划“政府间国际科技创新合作重点专项”（项目编号：2016YFE0112400）资助！

本书得到山东省济南市十大农业特色产业科技创新团队及创新项目——草莓种质资源库建设及创新应用（济农财2019-26）资助！

品种国产化

苗木无毒化

果品安全化

销售品牌化

供应周年化

生产机械化！

新时代中国草莓人的梦想！

中国园艺学会草莓分会

2019年10月28日

《第七届世界草莓大会系列译文集》 编委会

草莓是多年生草本果树，是世界公认的“果中皇后”，因其色泽艳、营养高、风味浓、结果早、效益好而备受栽培者和消费者的青睐。我国各省（自治区、直辖市）均有草莓种植。据不完全统计，2018 年我国草莓种植面积已突破 170 666 公顷，总产量已突破 500 万吨，总产值已超过了 700 亿元，成为世界草莓生产和消费的第一大国。草莓产业已成为许多地区的支柱产业，在全国各地雨后春笋般地出现了许多草莓专业村、草莓乡（镇）、草莓县（市）。近几年来，北京的草莓产业发展迅猛，漫长冬季中，草莓的观光采摘已成为北京市民的一种时尚、一种文化，草莓业已成为北京现代都市型农业的“亮点”。随着我国经济的快速发展、人民生活水平的极大提高，毫无疑问，市场对草莓的需求将会进一步增大。2010 年，“草莓产业技术研究与试验示范”被农业部列入草莓公益项目，对全面提升我国草莓产业的技术水平产生了巨大的推动作用。2011 年，北京市科学技术委员会正式批准在北京市农林科学院成立“北京市草莓工程技术研究中心”，旨在以“北京市草莓工程技术研究中心”为平台，汇集国内外草莓专家，针对北京乃至全国草莓产业中的问题进行联合攻关，学习和践行“爱国、创新、包容、厚德”的北京精神，用“包容”的环境保障科技工作者更加自由地钻研探索；用“厚德”的精神构建和谐发展的科学氛围和良性竞争环境。2019 年，科学技术部“主要经济作物优质高产与产业提质增效科技创新”重点专项中，在草莓野生资源功能基因挖掘、高效育种、品种创制及草莓苗木脱毒方面进行了重点资助，这将极大地提高我国草莓的科技创新水平。

我们必须清醒地认识到，我国虽然是草莓大国，但还不是草莓强国。我国在草莓品种选育、无病毒苗木培育、病虫害综合治理及采后深加工等方面同美国、日本、法国、意大利等发达国家相比仍有很大的差距，这就要求我们全面落实科学发展观，虚心学习国内外的先进技术和经验，针对我国草莓产业中存在的问题，齐心协力、联合攻关，以实现中国草莓产业的全面升级。实现生产品种国产化、苗木生产无毒化、果品生产安全化、产品销售品牌化，这是两代中国草莓专业工作者的共同梦想，在社会各界的共同努力下，这个梦想在不久的将来一定会实现！

第七届世界草莓大会（中国·北京）已于2012年2月18～22日在北京圆满结束，受到世界各国友人的高度评价。为了学习国外先进的草莓技术和经验，加快草莓科学技术在我国的普及，在大会召开前夕已出版3种译文集的基础上，中国园艺学会草莓分会和北京市农林科学院组织有关专家将继续翻译出版一系列有关草莓育种、栽培技术、病虫害综合治理、采后加工和生物技术方面的专著。我们要博采众长，为我所用，使中国的草莓产业可持续健康发展。

《圣诞红与浆果之星草莓种植手册》由韩国著名草莓专家郑钟道博士编写而成。作者是这两个新品种的育种者，书中介绍了草莓的基本知识、韩国草莓生产概况、韩国培育的新品种及特性、育苗技术等内容，同时也介绍了韩国草莓生产上登记的农药种类及防病杀虫机制。这是一本很有价值的书籍，很值得大家阅读。

中国园艺学会草莓分会理事长　张运涛博士

2019年10月28日

目 录

第一章

草莓的基本知识

一、原产地和来历

草莓是蔷薇科多年生草本植物。当前全球种植的草莓是南美野生的智利草莓（*Fragaria chiloensis*）和北美野生的弗州草莓（*Fragaria virginiana*）偶然杂交而成的。

学名	*Fragaria*×*ananassa* Duchesne
英文名	Strawberry
中文名	草莓
日文名	イチゴ
德文名	Erdebeere
法文名	le frasier
西文名	Frezon
韩文名	딸기

二、韩国草莓由来及改良历史

流传到韩国的准确路径并不明确，但推断为20世纪初从日本引入。20世纪60年代开始，在水原近郊广泛种植了果实大、结果多的大学1号，但因为糖度低、着色不良、髓心空洞，再加上果实软烂，贮藏性和运输性都差，所以，从70年代开始大部分被其他品种所代替。这一时期，主要的品种有田名、春香、宝交早生、红鹤等，70年代末，丽红从日本引入，在庆南密阳三浪津邑开始种植。

韩国草莓品种的培育从20世纪70年代中期，在园艺试验场（现在的农村振兴厅国立园艺特作科学院设施园艺研究所）开始。以早生红心（1982）为亲本，先后培育了水红（1985）、初冬（1986）、雪红（1994）、美红（1996）等品种。其中，水红因为对炭疽病的抗性强，所以直到90年代后期，都在半促成栽培区域广泛种植；美红作为出口品种，以居昌为主要栽培区域种植了一部分。近几年，随着梅香、雪香、金丝、竹香、圣诞红等品种的普及，韩国草莓品种占种植品种总量的比率从2005年的不到10%，增加到2018年的95%以上。

三、种植及生产现状

韩国草莓的种植，以2005年为起点，随着国产品种的培育和普及，实现了品种的自给。随着种植方式从土栽转换为无土栽培，草莓的种植面积逐渐减少，2017年为5 907公顷。草莓生产量为208 699吨，正持续增长。韩国草莓生产额2005年为6 420亿韩元，到2017年达到13 960亿韩元，增加了一倍以上，已成为占果蔬类整体生产额28%的代表性农作物。

四、草莓出口现状

韩国鲜草莓的出口，20 世纪 90 年代以日本为主，2006 年以后，中国香港及新加坡等东南亚地区成为了新的出口市场，开始了真正的草莓出口；出口数量也持续增加，到 2016 年出口了 4 125 吨，实现了 3 410 万美元的出口额。鲜草莓的出口主要在 12 月至翌年 4 月进行，消费者比较喜欢果实硬、品质优的品种。

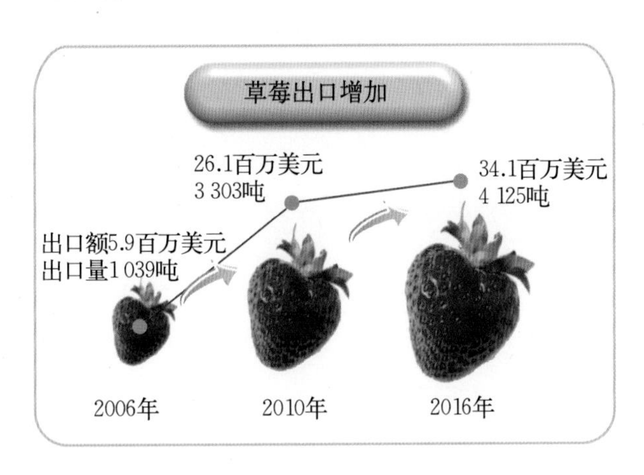

第二章 圣诞红品种的主要特性及各时期的管理

2017年，草莓种植面积达到5 907公顷，是生产额超过1.2万亿韩元的主要果蔬类品种，每年韩国的苗木市场达到大约250亿韩元的规模，是产值很高的作物。最近，随着国际植物新品种保护联盟（International Union for the Protection of New Varieties of Plants，UPOV）协定的扩大，以及2012年被指定为韩国品种保护对象作物，为了减少国外品种的使用费负担，急需培育和尽早普及韩国新品种。

因为已往培育的韩国单一品种过度普及，洪水般出货和价格下降已成为了农户收入减少的主要原因，所以也亟需多样的韩国新品种和种植方式的普及。本研究以培育促成栽培、硬度高、对主要病害具备抗性的新品种为目标，将高品质的梅香与具备丰产性并对白粉病抗性强的雪香进行了杂交，培育出了新品种——圣诞红。

一、培育目标

- 内销及出口的高品质品种
- 适合塑料大棚促成栽培的品种

二、培育过程

- 杂交组合：梅香×雪香（2006）
- 实生苗个体及系统选拔：2006—2007年
- 生产力及特性验证：2008—2009年（研究所及农户大棚）
- 培育机构：庆尚北道农业技术院星州香瓜果蔬类研究所

※ 申请编号（2012-332），品种登记（2014第5153号）

※ 海外品种登记：中国（圣诞红，성탄홍）

表1　圣诞红培育过程

年份	2006年	2007年	2008年	2008—2010年
世代	杂交	第1次选拔	营养生物增殖	最终选拔
梅香 × 雪香	06－6	1 : 星州 : 150	1 : : : 500	义城、高灵农户 现场评估
主要过程	人工杂交	系统选拔及增殖		生产力验证及地域适应试验

三、主要特性

- 株型为直立型，生长势强，叶片为椭圆形
- 适合促成或超促成栽培，休眠浅，花芽分化快
- 糖度为11.2° Brix，硬度（291克/ϕ5毫米）高，耐贮运
- 与其他品种相比，品质优，风味优
- 每个花序的开花数为11个左右，平均果实质量为18.8克，属于大果型
- 第1花序的早期发芽性能好，可进行超促成栽培
- 对白粉病抗性强，但对镰孢枯萎病抗性差
- 60%～70%着色时可以收获，适合出口海外（可维持糖度）

表2　圣诞红和雪香固有特性比较

品种	株型	生长势	叶片形状	花芽分化	休眠特性
圣诞红	直立型	中强	心形	快	浅
雪香	半开张型	强	圆锥形	稍快	浅

表 3　圣诞红和雪香可变特性比较

品种	适宜种植方式	花柄长（厘米）	叶片长（厘米）	株高（厘米）	开花期（月/日）	始收期（月/日）
圣诞红	促成	30.3	11.2	33.9	10/29	11/28
雪香	促成	31.2	11.7	32.2	11/5	12/8

表 4　圣诞红和雪香的果实质量及数量性

品种	花（个/花序）	平均果重（克/个）	单株产量（克/株）	商品果率（%）	商品果产量（千克/1 000 米^2）
圣诞红	11.2	18.8	431.3	83.2	3 229
雪香	13.8	18.5	431.0	82.1	3 184

表 5　圣诞红和雪香的果实大小分布

品种	大果（克/株）	中果（克/株）	小果（克/株）
圣诞红	110.2	250.1	71.0
雪香	97.9	243.0	90.1

表 6　圣诞红和雪香果实糖度、果实颜色、硬度

品种	糖度（°Brix）	果实颜色	硬度（克/ϕ5 毫米）
圣诞红	11.2	鲜红	291.3
雪香	11.0	鲜红	239.7

表 7　圣诞红和雪香的病虫害发生程度

品种	抗病性				抗虫性	
	白粉病	炭疽病	灰霉病	镰孢枯萎病	蚜虫	螨
圣诞红	++	+++	++	+++	+	+++
雪香	+	+++	++	+	++	++

注："—"表示无发生，"+"表示稍微发生，"++"表示中等，"+++"表示严重，"++++"表示非常严重。

圣诞红各时期收获量：

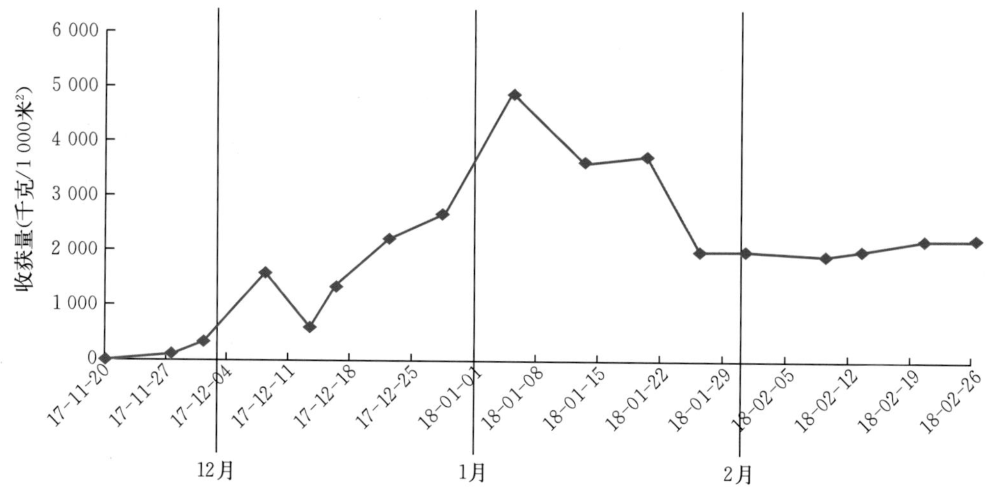

四、育苗管理

- 高架钵育苗（穴盘、田螺、夹具）
  - 根部老化、根茎细弱、螨和白粉病多发
- 露地隔断根系育苗
  - 感染病虫害、需要投入过多劳动力
- 冷藏茎尖扦插断根育苗
  - 劳动力、育苗天数等节约及繁育一致的苗木
- 单个钵及原处育苗（悬挂杯）
  - 生产大苗、节约劳动力、精细管理
- 兜子垫育苗
  - 利用高架底座、节约育苗空间、节约劳动力
- 种子播种育苗（未来型）
  - 培育利用了雄性不育的种子繁殖型品种

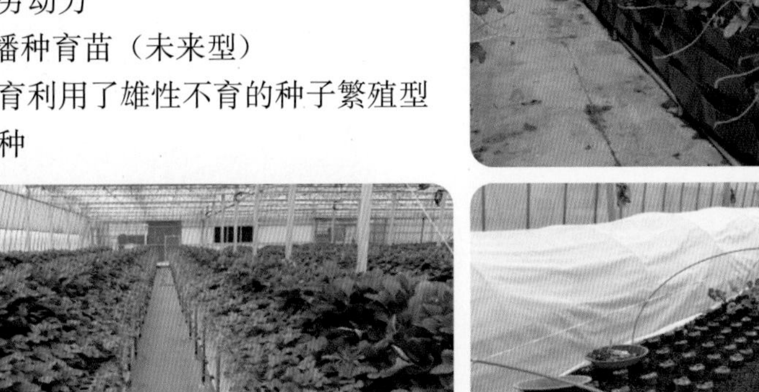

表 8　代表性的草莓育苗法优缺点

区分	露地育苗	高架遮雨育苗
育苗形态	● 隔断根系育苗 ● 高架穴盘	● 隔断根系育苗 ● 高架钵 ● 原处→个别钵育苗 ● 冷藏扦插断根育苗
优点	● 无设施费用 ● 螨发生少 ● 可以得到大苗	● 容易防治病虫害 ● 劳动强度降低 ● 可以得到均匀苗木
缺点	● 病虫害防治困难 ● 劳动强度大 ● 苗木的均匀性低	● 设施费用高 ● 螨发生多

（续）

区分	露地育苗	高架遮雨育苗
育苗的目标	● 健康苗木生产，环境管理容易，降低劳动强度，生产均匀苗木 ● 生产大苗，花芽分化容易	
解决方法	● 开发新概念育苗钵，开发新底座，改善床土的化学特性 ● 设定适合大苗养成的育苗期，不需要母株养成的育苗	

（一）生产草莓母株

1. 过冬母株冷冻贮藏

- 大棚钵（3 月至 4 月上旬移植）
- 露地隔断根系，大棚隔断根系（4 月中旬移植）
- 贮藏：－1℃，3 个月

2. 利用过冬母株（露地及大棚）

- 进行保温管理，不要发生干燥（3 月至 4 月中旬移植）
- 杀虫及杀菌剂处理

3. 利用结果母株

- 收获第 1 花序后清除花轴
- 3 月进行匍匐茎扦插，4 月下旬、5 月上旬将母株移植到露地
- 5～6 月匍匐茎（单个钵育苗）→移植苗
- 4～6 月匍匐茎（冷藏→7 月扦插）→冷藏扦插正式苗

（二）过冬母株冷冻保管法

12月密封放入冷冻库
（－1 ℃，冷冻3个月）

密封贮藏至翌年2月为止

3月第1次移植并准备种植

（三）育苗管理要点

1. 10 月至翌年 3 月进行匍匐茎扦插

- 9 月在正式大棚采集发生的匍匐茎
- 10 月将健康匍匐茎进行扦插
- 安装遮阳网后进行钵扦插
- 覆盖无纺布及塑料膜后诱导生根
- 维持 25℃，夜间覆盖无纺布和塑料膜
- 15 天后，在生根的情况下，喷洒杀线虫剂及杀菌剂
- 到翌年春季为止，冷冻贮藏及大棚保温管理

10月采集匍匐茎

匍匐茎插前清洗

3月采集匍匐茎

2. 母株及正式苗扦插方法

- 在单个钵中深插入母株的匍匐茎
- 扦插后通过充分的灌水维持空气中的湿度
- 扦插床准备：小型拱棚，覆盖无纺布及塑料膜
- 扦插后完全密封 3 天左右
- 第 4 天开始进行部分换气及灌水
- 7 天后开始生根，15 天后诱导完全生根
- 20 天完全生根后，昼间换气及夜间保温
- 12 月以后在遮雨大棚内进行塑料膜覆盖
- 过冬时防止干燥伤害
- 必须进行螨、蚜虫、线虫等的防治

在钵中插入匍匐茎

扦插后维持一定的温湿度

3. 悬挂钵接母株

- 10月开始至翌年3月为止
- 用健康的匍匐茎向悬挂钵诱导生根
- 挂在底座旁边的绳子上
- 以间隔2天进行一次灌水
- 生根后插在土壤中进行管理
- 用绿洲块接母株
- 充分吸收水分后，用夹子固定
- 以间隔2天进行一次灌水并诱导生根
- 移植到露地及大棚
- 移植后，至母株移栽为止进行防治
- 4月移植母株

悬挂钵

绿洲块生根

过冬母株

母株移植准备

5月抽生匍匐茎

7月母株分离

子苗独立

采集正式苗木

4. 母株移植期

- 3月下旬至4月

- 种植距离 20 厘米
- 每株繁殖 24 株为标准
- 初期施肥充分
- 穴盘填上床土
- 穴盘覆盖无纺布
- 安装滴灌管
- 母株和子苗的营养液分别管理
- 5 月开始引导匍匐茎并固定
- 彻底做好炭疽病、镰孢枯萎病、螨等病虫害的防治
- 禁止喷洒戊唑醇、烯唑醇（过度的抑制，导致矮化）

5. 接子苗

- 5 月中旬至 7 月
- 将匍匐茎引导至无纺布上面
- 6 月下旬同时用夹子固定
- 进行充分的换气和通风
- 彻底做好病虫害防治
- 防治镰孢枯萎病和炭疽病
- 彻底防治螨、异迟眼蕈蚊、线虫等
- 后期减少母株营养液中的氮素含量
- 8 月下旬镜检花芽分化
- 育苗后期，增加磷酸、钾、钙肥料，并减少氮素

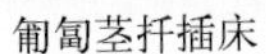
匍匐茎扦插床

6月整理匍匐茎

7月诱导匍匐茎生根

6. 扦插育苗

- 5～6 月采集匍匐茎
- 6 月上中旬进行扦插
- 采集的匍匐茎贮藏（在 1～3℃的冷藏库中密封保管）
- 制作小型拱棚后，进行充分的灌水
- 贮藏的匍匐茎进行扦插
- 扦插后充分灌水并密封
- 安装内部的无纺布和外部的塑料膜
- 白天覆盖无纺布
- 夜间覆盖无纺布和塑料膜
- 进行 7 天左右的精细管理
- 利用喷淋头装置，每天进行 4 次左右的喷洒效果好

五、结果棚管理

（一）移植前准备结果棚

- 土耕栽培要进行土壤消毒
- 培养基杀菌及清除气体
- 热消毒、化学杀菌处理等
- 棉隆、NaDCC 等
- 培养基床土补充作业
- 喷洒完熟堆肥并进行耕犁作业
- 做垄沟（破坏心土）
- 安装滴灌管（15 厘米间距）
- 安装 50％遮阳网
- 覆盖有孔塑料膜
- 垄沟穿孔作业（穿孔深度 18 厘米）
- 移植前适当灌水

（二）结果棚管理要点

1. 正式田地不使用未熟堆肥（鸡粪、猪粪、油粕）

- 增加移植后的枯死率

2. 育苗时禁止过度的氮素中断（圣诞红品种）

- 主花序1号果发生畸形

3. 育苗时禁止过度摘叶（4片）

4. 移植后彻底做好温度管理

- 遮光期间、通风管理

5. 移植后尽早切断匍匐茎

6. 螨、白粉病等事先防治

7. 覆盖有孔塑料膜后移植

- 抑制地温上升
- 侧部塑料膜卷起
- 移植后马上灌水
- 遮阳网50%，进行15天左右遮光

8. 无覆盖移植

- 移植后30天左右覆盖
- 移植后20天左右第1次摘叶
- 摘叶时，保留3片叶

- 覆盖塑料膜后喷洒杀菌剂
- 开花前后做好防治作业
- 彻底做好螨、异迟眼蕈蚊、叶线虫等的防治
- 移植后 20 天开始施肥

9. 使用的全部药剂必须是公示的
10. 圣诞红的腋芽留 1～2 个
11. 主花序 1 号果实发生很多扁平果
12. 1 号果实为扁平果时尽早摘除
13. 移植后开花前完成防治
14. 10 月下旬进行更换塑料膜作业
15. 11 月上旬放入用于授粉蜂箱
16. 11 月检查暖风机及水幕
17. 营养液设定：pH 5.8～6.0
18. 无土栽培时，EC 0.6～1.0 毫西/厘米，逐渐提高

19. 营养液管理
    - 日出 2 小时后开始供应营养液
    - 日落 2 小时前开始中断营养液供应
    - 1 天供应 4 次左右的营养液
    - 按生育阶段提高浓度

- 坐果后 EC 0.8～1.2 毫西/厘米

20. 暖风机最低温度设定为 10℃以上
21. 进行水幕栽培时，注意防治灰霉病
22. 12 月至翌年 1 月注意预防花朵发霉
23. 低温多湿时期预防霉菌病，需要清晨尽早用暖风机加温

六、种植时期注意事项

1. 育苗后期不要中断氮素
2. 移植期不要提前（8 月下旬）→主花序果实发生很多扁平果
3. 移植期为 9 月比较稳定
   - 育苗时，彻底防治炭疽病、镰孢枯萎病、螨、叶线虫
   - 正式大棚不要使用猪粪、鸡粪等未熟堆肥
   - 低温多湿期（12 月至翌年 2 月）易发生灰霉病（建议使用暖风机）
   - 移植后进行整理，只留 1～2 个腋芽
   - 3 月以后的高温期注意果皮（表皮）烂熟
   - 暴露在高温、干燥等不良环境时，要注意种子突出现象

七、主要品种特性比较

1. 开花期顺序

开花顺序从早到晚为：章姬＞圣诞红＞阿尔塔王（Alta king）≥雪香≥浆果之星≥奥罗拉≥玉香

2. 病害程度（白粉病发生程度）

病害程度由轻到重为：浆果之星＜甜美人（Honey bell）＜雪香＜韩韵＜圣诞红＜阿尔塔王（Alta king）

3. 果实硬度

果实硬度由大到小为：范塔（Fanta）＞浆果之星＞圣诞红＞阿尔塔王（Alta king）＞

雪香＞红珍珠＞章姬

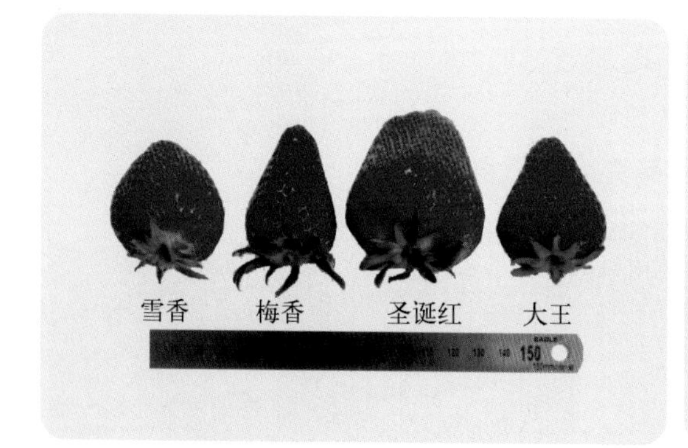

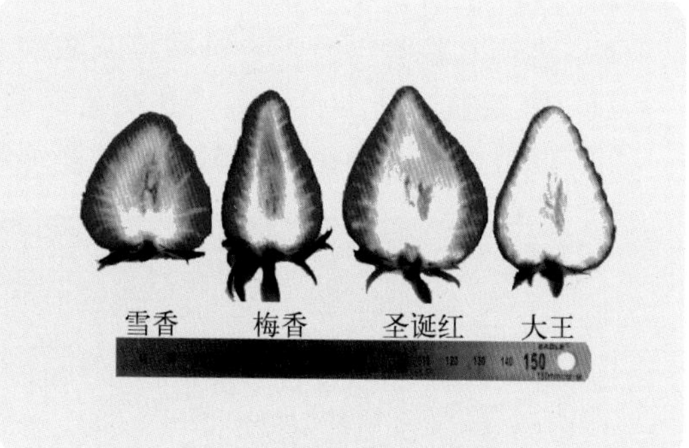

第三章

浆果之星品种的主要特性及各时期的管理

一、培育过程

草莓2017年的种植面积为5 907公顷，生产额接近1.4万亿韩元，是引领园艺产业的战略出口作物。目前虽然有韩国培育、适合出口的草莓品种梅香，但由于产量低、病虫害抗性差等原因，需要找到能够替代并可用于出口的草莓品种。星州香瓜果蔬类研究所以培育适合出口、硬度高、抗病的品种为目标，将圣诞红和高抗白粉病的07-S-28系统进行了杂交，培育出了浆果之星（品种登记2017第6478号）。

二、生态特性

浆果之星的株型为直立型，生长势较强。果实的形状为尖头的圆锥形，花芽分化快，适合促成栽培。匍匐茎的花青素含量低，果实表面的种子分布密度中等。休眠性为中等程度，花序的同一时间发芽性好。与雪香相比，叶片大，但叶片数量少。

表9　浆果之星生态特性

品种	株型	生长势	果形	花芽分化	休眠特性
浆果之星	直立型	中强	圆锥形	快	中
雪香	半开张型	强	卵形	快	中

浆果之星

三、果实特性

平均果重21.1克，果实的长度和宽度比雪香略小。糖度为10.1°Brix，属于优。浆果之星果实的硬度为421.9克/ϕ5毫米，非常坚硬，适合出口。

表 10　浆果之星果实特性

品种	果重（克）	果长（毫米）	果宽（毫米）	糖度（°Brix）	硬度（克/ϕ5 毫米）
浆果之星	21.1	41.9	34.5	10.1	421.9
雪香	22.3	42.1	36.2	11.5	256.0

不同收果期浆果之星的硬度：12 月上旬 400 克，第 1 花序结束的 12 月下旬减少到 359 克，第 2 花序初期的 1 月初 428 克，1 月中旬 347 克，虽然硬度在不同时期有差异，但比雪香品种硬度更大。

表 11　浆果之星的每月硬度变化

品种	硬度（克/ϕ5 毫米）				
	12 月中旬	12 月下旬	1 中上旬	1 月中旬	2 月上旬
浆果之星	490	359	429	347	468
雪香	278	255	263	196	264

四、病虫害抗性

浆果之星整体而言属于抗病虫害强的品种。因为，白粉病、炭疽病、镰孢枯萎病的发生少，育苗容易；用一般的管理就可以防治蚜虫和螨。

表 12　浆果之星抗病虫害程度

品种	病害				虫害	
	白粉病	炭疽病	灰霉病	镰孢枯萎病	蚜虫	螨
浆果之星	+	+	+	+	++	++
雪香	+	++	+	+	++	++

注：“—”表示无发生，“+”表示稍微发生，“++”表示中等程度发生，“+++”表示严重发生，“++++”表示非常严重。

五、产量

浆果之星从 11 月下旬开始收获，12 月下旬开始收成增加，翌年 1 月最多。11 月至翌年 2 月，4 个月的总收成为 2 646 千克/1 000 米^2 左右。

表 13　浆果之星收成

品种	每月收成（千克/1 000 米^2）				总收成（千克/1 000 米^2）	毛收入（千韩元/1 000 米^2）
	11 月	12 月	翌年 1 月	翌年 2 月		
浆果之星	10	650	1 296	680	2 646	30 299

资料来源：星州香瓜果蔬类研究所（2017—2018 年）。

六、育苗管理

草莓栽培成败在于育苗。

（一）母株的准备

1. 母株的选择

要将没有病毒、炭疽病、镰孢枯萎病等病菌感染的优良苗木作为母株使用。而且，育苗期如果发生浸水，线虫侵入的可能性会很高，因此管理时要注意不要发生浸水，并要选择没有被线虫感染的母株。

移植时的健康苗木或将移植后发生的匍匐茎进行扦插后，通过充分低温，用作下一年的母株。

2. 打破休眠

让母株经历低温的目的是为了打破休眠，使匍匐茎生长良好，因此要在 0～5℃的低温中经历 700 小时以上。

3. 母株管理

相比可能受到炭疽病或冻害的露地，让母株在没有加温的大棚中过冬会比较好，持续－10℃以下的寒潮时，要加强保温措施，不要让母株受到冻害。

母株过冬时，如果在小型钵中管理，可能会有冬季干燥造成的枯死隐患，也有可能因为根部老化造成第二年的生育缓慢。如果母株在种植大棚内保管，可能因为不能经历充分的低温，匍匐茎的发生量减少，这些都需要注意。

如果有冷冻库，将不太干燥的母株用塑料膜密封后，在－1～－2℃的温度中贮藏也是一种方法。在冷冻库贮藏母株时，如果过早可能会发生冻害，因此先充分经历 12 月前后的低温后，再放入冷冻库才能避免冻害。

（1）生产母株（扦插法）

秋季母株扦插管理要点

- 9～10 月采集健康的匍匐茎进行扦插（安装太阳膜、利用钵）
- 准备扦插床（小型拱棚，无纺布及塑料膜覆盖）
- 在单个钵中深埋母株侧匍匐茎
- 扦插后保持充分的灌水和空气湿度
- 扦插后 3 天左右密封
- 7 天后开始生根，15 天后引导完全生成根系
- 20 天后，根部完全生成后，白天换气及夜间保温
- 贮藏前必须做好螨、蚜虫、线虫的防治
- 到翌年春季为止冷冻贮藏（－1℃）及遮雨保温管理

* 遮雨钵（3 月至 4 月上旬移植）/露地隔断根系，遮雨隔断根系（4 月中旬移植）

采集匍匐茎(9～10月)

清洗匍匐茎茎尖

钵中进行扦插

扦插床保持温湿度

过冬母株贮藏(－1 ℃，3个月)

3月移植

● 利用移植后发生的匍匐茎生产母株

用干净的工具采集拥有 2 片完全展开叶片的茎尖，进行消毒后利用固定夹插入到已消毒的床土，并移到扦插床让其生根（需要 15 天左右）。这期间利用遮阳网和塑料拱棚时应注意管理温度和湿度。此时，为了防止发生干燥，将切断面匍匐茎的茎部弯曲，插入到床土中 5 厘米左右。

(2) 生产母株（匍匐茎钵分株法）

管理要点

- 10 月采集正式大棚生成的匍匐茎
- 在底座下面安装固定钵的绳索
- 利用健全的匍匐钵（如悬挂钵、绿洲钵等）诱导生根
- 2 天为间隔进行灌水
- 生成根系后，栽植到底座或地上进行管理

利用单个钵进行匍匐茎分株(左：悬挂钵，右：绿洲块)

移动到遮雨设施后进行管理

过冬管理

（二）母株移植及管理

1. 移植及初期管理

移植时期为 3 月上旬至 4 月中旬，为了尽早获得健康的子苗，注意移植不能晚。移植前为了防治病害，进行沉浸消毒；如果有花序或干枯的叶片，清理之后移植。

移植后，通过充分的灌水促进成活。灌水方法是在母株附近安装滴灌管，少量多次进行滴灌。低温期安装小型塑料拱棚进行保温，出现的花序要立即清除。

2. 采苗期母株管理

如果匍匐茎过多，就要将细弱的匍匐茎清除，留下生长势强的匍匐茎。当母株过于繁茂时，清除部分母株的茎叶，提高通风和采光，防止徒长。

＊初期生成的生长势强的子苗，成活后，将其用作母株也可以。

3. 管理要点

- 母株移植期（3 月下旬至 4 月）
- 移植栽种间距 20 厘米（每株繁殖 24 株为标准）
- 初期充分施肥
- 穴盘填满床土
- 穴盘用无纺布盖住
- 安装滴灌管
- 母株和子苗培养液区分管理
- 5 月开始引导匍匐茎并固定
- 彻底做好炭疽病、镰孢枯萎病、螨等病虫害管理

＊禁止使用戊唑醇、烯唑醇（过度的抑制、导致矮化）

母株移植(高架无土栽培)

母株移植(土耕栽培)

引导匍匐茎

诱导匍匐茎生根

（三）夏季移植苗扦插增殖

管理要点

- 5～6 月采集健康的匍匐茎（密封在冷藏库，1～3℃贮藏）
- 6 月上旬开始扦插（安装遮阳网、使用钵）
- 准备扦插床（小型拱棚，内部无纺布及外部塑料膜覆盖）
- 将贮藏的匍匐茎茎尖同时进行扦插
- 扦插后充分灌水并保持空气湿度
- 白天无纺布覆盖
- 夜间无纺布和塑料膜覆盖

- 开始 7 天需要精细管理
- 利用喷头随时进行喷洒时效果好（4 次/天）

匍匐茎扦插

初期管理

生根管理

根系成活

（四）诱导花芽分化及移植前苗木管理

草莓种植中移植前 1 个月和移植后 1 个月的管理很重要。为了使开花和收获期提前，花芽分化后要尽快移植，这很重要。基本上，用低温、短日照、低氮素、摘叶等处理来促进花芽分化，开始花芽分化后，尽可能早地移到高温、长日照、高氮素、无摘叶条件的区域，才能够促进花芽发达。

- 促进花芽分化的温度范围：10～25℃
- 对花芽分化没有效果的温度范围：5～10℃，25～30℃
- 阻碍花芽分化的温度范围：5℃以下，30℃以上

只有气象条件和草莓内部条件达到一定的标准时花芽分化才会开始。在各个气象条件中，对草莓花芽分化影响最大的是温度和日照时间的相互作用。引起草莓花芽分化的限定温度为 25℃以下，比我们感觉的要高。

育苗后期管理要点

- 采用土耕育苗时，移植的田地禁止使用未熟堆肥（鸡粪、猪粪、油粕等）
  - 移植后的枯死率会增加
- 育苗时禁止过度的氮素中断
  - 主花序 1 号果实发生畸形
- 育苗时禁止过度摘叶（4 叶）
- 移植后做好温度管理
  - 遮光、通风管理

七、结果棚管理

（一）准备结果棚及移植

1. 土耕栽培

土耕栽培时，通过土壤检查，调整或供应必要的养分。提高土壤内的有机物含量，充分供应水分，制作30厘米以上的田埂。移植时，为了不让生长点埋没，根茎部要露出地面一半左右，以此保证初期的成活和1次根生成。种植过深时，有可能发生芽枯病，需要注意。

结果棚管理要点

- 土壤热消毒、化学杀菌处理（棉隆、NaDCC等）
- 采用积水处理及热消毒会有效果
- 喷洒完熟堆肥并进行耕犁作业
- 做垄沟（心土粉碎）
- 安装滴灌管（15～20厘米间隔）
- 安装50%遮阳网之后，实施15天左右的遮光
- 覆盖有孔塑料膜（抑制地温上升、侧部塑料膜卷曲）
- 垄沟打孔（18厘米）
- 移植前适当灌水
- 覆盖后喷洒杀菌剂
- 彻底做好开花前后的防治工作
- 结果棚准备

积水处理

做田埂及安装滴灌管

覆盖有孔塑料膜后移植

病虫害防治

2. 无土栽培

采用无土栽培时，向培养基内充分进行灌水，造成湿润状态，并调整培养液的 pH（5.5～6.5）和 EC（0.6～1.0 毫西/厘米）。使用新床土时，保证水分，并调整培养液的 EC 和 pH。根茎部要比土耕种得稍微更深一点，才能保证 1 次根成活速度快，1 花序后的产量高。如果种得浅，因为无法确保 1 次根，所以会发生根部晃动和养分不足，生成大量畸形果。

结果棚管理要点——无土栽培

- 移植前准备结果棚
- 培养基杀菌及清除气体
- 热消毒、化学杀菌（棉隆、NaDCC 等）
- 培养基床土补充作业
- 安装滴灌管（15～20 厘米间距）
- 垄沟打孔作业
- 移植前适当灌水
- 覆盖后喷洒杀菌剂
- 彻底做好开花前后的防治工作

结果棚准备——无土栽培

床土消毒

安装滴灌管

草莓移植

防治病虫害

- 移植

根据苗木的年龄、氮素的水平和用显微镜观察到花芽分化后决定移植期。要达到根茎部埋到一半左右的种植深度，才能生长良好，且不会影响后期的生育。如果将根茎部深埋，因为容易暴露在土壤病虫环境中，所以匍匐茎或花序的出现会成问题，而且会发生很多早期枯死的现象。草莓的移植方向也是重点，让母株生成的匍匐茎进入到垄沟内侧，让子苗面向田埂方向，并倾斜30°～40°进行种植，才能让花序面向田埂。

（二）移植后管理

1. 光线管理

9～11月的秋季认为光照比较好，但与类似气温的春季相比，光照量只有2/3，光照时间也不足12小时。这一时期又是秋季阴雨或台风等气象环境不稳定的时期。哪怕是连续的晴天，如果通过了2层水幕栽培的大棚塑料膜，草莓光合作用所需的光照量也会不足。因此，利用遮阳网的覆盖只在9月实施，其后要努力提高采光性。

2. 气温管理

9月至10月上旬，因为气温高，所以昼夜打开侧窗也没有问题，而且为了形成第2花序，安装遮阳网抑制气温上升也是一种方法。适合草莓生育的温度是25℃左右，注意夜间温度保持在7℃以上。

3. 湿度管理

白天的湿度越低，夜间的湿度越高，则越有利于草莓的生育。对大棚进行开放式管理的时期无法调整湿度，但10月中旬开始，因为气温变低关闭侧窗后，夜间湿度会上升。此时，在叶片的边缘可以看到水滴，这是溢液现象，是表明草莓根部健康的证据。夜间湿度高，因为根压的作用，会促进草莓夜间的吸收水分，此时，也吸收无机离子，并通过溢液溢出。因此，如果夜间湿度低，会发生很多缺钙症状之一的叶烧尖（tip burn）现象。如果清晨发生很多溢液，立即清除溢液也是很重要的。如果能够换气最好，但冬季无法换气时，用移动式风扇或取暖器进行除湿，可有效防止叶片边缘烧坏。

4. 换气管理

风是促进光合作用和增产作用的必要环境因素。草莓叶片被风吹晃动之前的微风是最适合的风速。为了积极的换气，使用换气风扇和移动式（搅拌）风扇也是一种方法。

5. 二氧化碳管理

使用二氧化碳的目的是通过提高光合作用速度，使光合作用产物促进根部的生长和功能，进而促进根部吸收养分和水分的功能。但即使使用二氧化碳，如果没有风，光合作用也不会促进。9～10月是能够充分换气的时期，几乎也没有坐果，因此不使用二氧化碳。但到了11月开始坐果后，日出30分钟以后到换气前使用700毫克/千克左右的二氧化碳效果会比较好。如果使用二氧化碳发生剂（碳酸轻轻），在100米的1栋大棚中挂上20个（100克/个），就可以有效提高质量和数量。

移植后管理要点——无土栽培及土耕栽培

- 如果以无覆盖的状态移植时，移植后30天左右就要进行覆盖
- 移植后20天左右第1次摘叶
- 摘叶时留下3片叶片
- 塑料膜覆盖后，喷洒杀菌剂
- 移植后，20天左右开始施肥
- 移植后清除腋芽（主花序1号果不发生扁平果）

- 1号果如果是畸形果，尽早摘除
- 移植后到开花前进行防治
- 10月下旬进行塑料膜更换作业
- 11月上旬投入用于授粉的蜂箱
- 11月检查热风器及水幕
- 培养液的pH设定为5.8～6.0
- 开花期和收获期的EC为0.8～1.3毫西/厘米，并逐渐提高

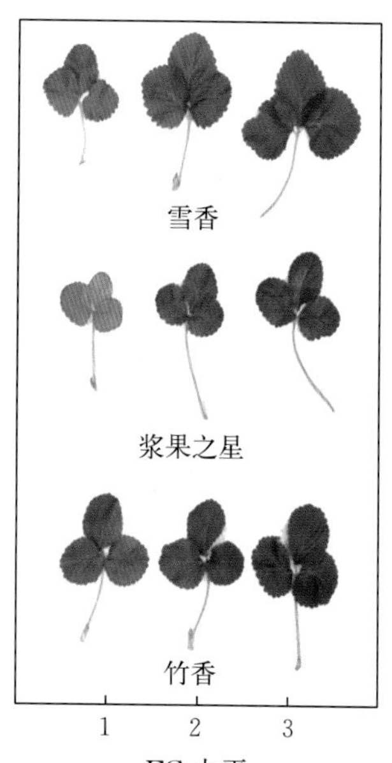

各品种不同培养液浓度和叶片大小的变化

（三）浆果之星的培养液管理

在浆果之星的栽培期间，培养液的浓度分为上、中、下3个阶段进行供应。

培养液的浓度高，浆果之星的叶片数量、叶柄长度、叶片长度、叶片宽度都有增加。根茎部的直径增加幅度也很大，由此可断定为对EC要求高的品种。叶片的数量与雪香相似，叶柄的长度比雪香长。叶片长度和宽度都比雪香短。根茎部的直径比雪香粗。

表14　不同培养液水平和浆果之星的生育特性

品种	培养液浓度水平*	叶片数量（片）	叶柄长度（厘米）	叶片长度（厘米）	叶片宽度（厘米）	根茎部直径（毫米）
浆果之星	1	5.8	11.5	7.2	5.8	15.0
	2	8.2	14.5	8.0	6.4	15.7
	3	7.5	15.4	8.5	7.0	17.5
雪香	1	5.7	9.1	8.6	7.7	14.3
	2	7.4	12.2	9.7	7.7	16.3
	3	7.5	14.1	10.4	8.3	15.4

注：*浓度水平1（EC 0.68－0.8－0.85－0.7毫西/厘米）；浓度水平2（EC 0.68－1.0－1.2－1.0毫西/厘米）；浓度水平3（EC 0.68－1.2－1.55－1.3毫西/厘米）。

资料来源：国立园艺特作科学院。

浆果之星与雪香品种相比，果实的长度长，宽度相似，果实的重量更重，在培养液浓度很高的浓度水平3，果实变得很重。硬度在低EC水平下，与雪香无差异，但浓度水平2的条件下，比雪香坚硬2倍左右。糖酸比雪香高，但越是增加EC水平，浆果之星的糖酸比越低。因此，为了生产高硬度、大果实的浆果之星，建议供应较高的EC。

表15　不同培养液水平和浆果之星果实的特性

品种	培养液浓度水平*	果实重量（克）	果实长度（毫米）	果实宽度（毫米）	硬度（牛/毫米）	糖酸比
浆果之星	1	30.0	48.3	39.9	0.34	20.0
	2	27.8	47.9	39.7	0.60	18.4
	3	39.9	52.4	46.1	0.69	16.5

（续）

品种	培养液浓度水平*	果实重量（克）	果实长度（毫米）	果实宽度（毫米）	硬度（牛/毫米）	糖酸比
雪香	1	23.1	42.0	39.0	0.31	15.4
	2	26.2	47.2	39.4	0.33	15.0
	3	27.0	46.4	41.0	0.41	15.9

注：*浓度水平 1（EC 0.68－0.8－0.85－0.7 毫西/厘米）；浓度水平 2（EC 0.68－1.0－1.2－1.0 毫西/厘米）；浓度水平 3（EC 0.68－1.2－1.55－1.3 毫西/厘米）。

资料来源：国立园艺特作科学院。

随着培养液的水平变化，浆果之星的数量和商品果数量会增加。但培养液水平越增加，非商品果的数量也随之增加。雪香在 2 阶段 EC 水平，商品果的数量最多，EC 水平越高，非商品果的数量越少。

表 16　不同培养液水平和浆果之星数量的特性

品种	培养液浓度水平*	商品果（10 克以上）		商品果（10 克以下，畸形果）	
		数量（克/株）	数量	数量（克/株）	数量
浆果之星	1	303.4	12.9	7	54
	2	308.8	13.8	17	131
	3	309.7	14.3	15	116
雪香	1	241.2	13.2	16	117
	2	316.4	15.5	15	118
	3	313.0	15.4	11	92

注：*浓度水平 1（EC 0.68－0.8－0.85－0.7 毫西/厘米）；浓度水平 2（EC 0.68－1.0－1.2－1.0 毫西/厘米）；浓度水平 3（EC 0.68－1.2－1.55－1.3 毫西/厘米）。

资料来源：国立园艺特作科学院。

培养液管理要点

- 日出 2 小时后开始供应培养液
- 日落 2 小时前开始中断培养液
- 1 天供应 4～5 次培养液
- 按生育阶段提高浓度
- 坐果后开始 EC 1.0～1.6 毫西/厘米
- 暖风机最低温度设定 8℃
- 12 月至翌年 1 月注意防治花的灰霉病
- 低温多湿的时期为了预防灰霉病，清晨需要用暖风机加温

八、培养液管理

（一）草莓高架（高底座）无土栽培的概念

无土栽培是指在无土壤的状态下，用供应养分水溶液的方法培育作物的种植方式。作

为一种培养基的栽培，可以称为培养液栽培，但习惯上称为无土栽培。草莓的高架无土栽培又称为高底座栽培、床铺草莓、工作台草莓、底座培养液栽培、底座无土栽培、高设底座无土栽培、高架水耕种植等。因为种植历史不长，所以还没有完全确立技术，但这是各个领域技术结合的综合技术，未来将对韩国设施园艺技术的发展起到引领作用。

（二）草莓高架无土栽培的优点

1. 节约农业作业的劳动力（省力化）

在土壤中种植草莓时，因为保持跪着的作业姿势，不仅是肩膀和腰部，膝关节也会产生问题，而无土栽培是可以脱离这种恶性劳动的种植方式。育苗、移植、摘叶、摘花及收获都是以站姿进行，既方便又有成效。

2. 农户的收入增加

- 比土壤栽培增加 1.5 个月左右的收获期，因此总产量增加
- 因为劳动力节约及轻作业化，可以扩大种植规模
- 因为种植体系的利用效率化和技术标准化，生产效率提高
- 相比土壤栽培，因为要安装架子、底座及培养液供应设备，所以需要额外的投入，但因为收入增加，扣除额外费用之后，还会产生利润

3. 草莓无土栽培扩大的理由

- 移植、摘叶、收获时不受气象条件的影响
- 过湿或盐类高浓度的不良理化性土壤中，只要能安装底座，就能进行种植
- 因为切断了镰孢枯萎病等的感染源，所以可以大幅减少固有的病害，可以避免连续种植造成的伤害
- 因为供液和环境管理的自动化，可以实现工厂式生产
- 卫生干净的生产环境可以成为一个景点，所以能够发展成为观光体验农业项目
- 因为高品质安全生产，可以提高收入

（三）草莓高架底座（高架）无土栽培技术的重点

1. 基数分析

- 委托各道的农业技术院或国内外专业分析机构
- 分析所需时间：3～15 天
- 分析及培养液手续费：每个农户 80 000～100 000 韩元

2. 利用优质的子苗

- 利用根源苗-原苗系统生产的优良无病母株

3. 安装底座

- 为了使水分分布和排水均匀，水平安装架子
- 架子高度：40～120 厘米
- 底座宽度：30 厘米左右
- 底座的长度：短 1～5 厘米，长 5～40 米

4. 填充培养基

- 准备理化性能良好、没有感染病菌的床土

- 轻轻下压填充，使培养基内部不产生水路（缝隙）
- 向底座填充时，最上面的中间部位要稍微凸起

5. 移植

- 根茎部的上部大约 3 厘米要露在床土表面，并稍微倾斜移植
- 会促进根部发育，植物也会按坐果等作物管理容易的形态生长

6. 培养液管理技术的总结

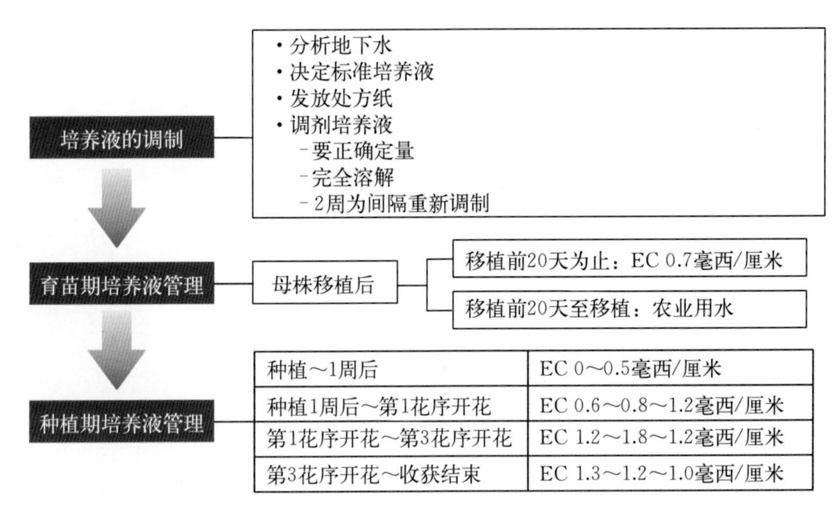

培养液管理重点

- 培养液管理技术的核心是合理管理各阶段的电解电导率（EC）和供应量
- 供液的电解电导率（EC）由根际部位的培养液浓度决定
  - 在目标 EC±10%范围内，根据生育状态对供液 EC 进行增减

第四章 病虫害管理

一、主要病害发生原因及对策

（一）炭疽病（Anthracnose）

1. 发病及症状

炭疽病主要发生在25～35℃，高温多湿的6月下旬至9月上旬，主要通过水进行传染。如果根茎部被感染，那么从外到内会发生褐变，严重时导管（水管）会堵塞，地上部整体都会枯死。在叶柄、匍匐茎上发生病变时，会形成水渍状凹陷的黑色病斑，如果湿度高会形成粉红色的孢子。

在草莓匍匐茎、植物体、根茎部发生的炭疽病病症

2. 管理方法

- 选择健康的母株，遮雨种植，利用钵或隔离工作台进行育苗
- 管理时，避免强灌水，采用滴灌，排水要好
- 受灾株、受灾茎叶立即清除
- 避免连续进行药剂喷洒，降雨前以2周为间隔喷洒，降雨和高温期以10天为间隔喷洒
- 剪断匍匐茎后，立即喷洒炭疽病药剂进行预防，用于剪断的剪刀也要用药剂或酒精消毒后使用
- 母株移植时，用登记的药剂进行沉浸消毒，可以取得预防效果

（二）镰孢枯萎病

1. 发病及症状

高温育苗期发生较多，从感染的母株通过匍匐的茎（导管）移动到子苗进行传播。分生孢子会随着土壤粒子飞散时通过根茎部进行传染。发病适宜的温度是28℃，属于高温性疾病，pH低发生很多。育苗时，7～9月，半促成栽培时2月以后，露地栽培时5月以后发生多。新叶变成黄绿色或变小，叶片变成畸形，并有1～2片叶片变小，成双叶。如果切断受灾的根茎部和叶柄，会看到随着导管发生的褐变；病情加重时，下叶枯萎，几乎看不到白色的根，腐烂成黑褐色的多，苗木整体萎缩枯死。

双叶及植物体枯萎，根茎部及根部褐变病症

2. 管理方法

- 利用无病母株、没有感病的大棚和无病土壤
- 将发病地、发病残渣进行隔离，育苗材料等彻底进行消毒
- 避免连续种植，在大棚土壤中，用番茄、玉米、哈密瓜、南瓜、黄豆等以 3～4 个月为间隔，2 年内进行 3 次轮作
- 镰孢枯萎病菌从母株传染到第 1 子苗的时间是 27 天，因此采用母株匍匐茎扦插方式，切断匍匐茎，就能防止子苗被感染
- 移植后用登记的药剂进行土壤灌注

（三）灰霉病（Botrytis blight）

1. 发病及症状

灰霉病菌随着孢子从发病部位、受伤部位或花的花瓣、雌蕊、雄蕊等器官进行侵入。有时会粘在花粉媒介蜜蜂的身上进行传染。在 20℃左右的多湿环境下发病多，收获时春雨多或持续阴天，发病会更加严重。果实、花萼、果柄、叶片、叶柄等地上部位受灾情况多，对果实的伤害大。过度繁茂、密植时，如果通风不良也会发生很多，促成、半促成在 12 月至翌年 4 月间发生多，露地栽培是 3～5 月发生多。

花萼、未着色果实、成熟果实中发生的灰霉病病症

在果实还小的时候如果病菌侵入果实，果实就会变成褐色并干枯，严重时会变成黑褐

色，湿度上升容易腐烂，并生成灰色的病菌。如果侵入花，花萼会变成赤色，后会出现褐变或黑褐变，并腐烂。传染的途径为病菌在枯死的下叶形成分生孢子，并随着风雨进行传染。

2. 管理方法

- 需要良好的通风，注意控水，避免多湿
- 清除并深埋枯死叶、老化叶、发病叶、发病果
- 避免药剂的连续使用，以预防为主，根据安全使用标准进行喷洒

（四）白粉病（Powdery mildew）

1. 发病及症状

只能生活在活着的植物身上，是绝对的寄生者，通过表皮细胞内形成的吸器进行寄生生活。在草莓的叶片、叶柄、花、花梗、果实等多个部位发生。感染的叶片形成白粉状的小斑点，随着病情加重，在下叶的背面形成赤褐色的斑点，会生成灰白色的霉菌，叶片会弯曲。如果发生在花朵、花瓣上，会形成花青素色素，因此会变成紫红色。在果实，受灾的部分生育变慢，不会进行着色，变白，失去商品价值。

叶片、未着色果实上发生的白粉病症

2. 管理方法

- 选择并采用无病株，并强健地进行苗木的追肥
- 注意通风、换气、灌水，及时摘除发病的叶片和发病果实
- 移植时的苗木只留 3 片左右叶片，其余叶片摘除
- 如果收获期发生严重很难防治，因此在育苗期、保温开始期、开花期以前通过喷洒药剂努力进行预防

（五）芽枯病（Bud rot）

1. 发病及症状

因为栖息在土壤中的菌发生的疾病，芽枯病菌菌丝会侵入弱小的组织或通过气孔、受伤部位侵入。病菌在感病植物体的组织或土壤之中，以菌丝或菌核的形态存在，过冬后发芽，侵入植物体的地表部或地下部，引起疾病。如果感染，花蕾或嫩芽会枯萎并枯死，变成黑褐色；叶片和花萼小，先形成圆形的褐色斑点，后随着病情严重叶片会干枯。新叶的出现晚，芽会褐变，病情加重时，叶柄下面或根茎部也会出现褐变，托叶或叶柄外表最容易受害。

根茎部、植物体芽枯病症

2. 管理方法

- 密植时，因为苗木弱小，湿度高，只会通过菌丝传染，所以密植时发生很多
- 不能深种。如深种，地表部位变弱，暴露在病菌的部分太多，所以发病的可能性变高
- 选择健康的苗木，发生的土壤要进行彻底消毒。作为化学防治方法，用国内登记的药剂，按照安全使用规定进行喷洒

二、主要害虫发生原因及对策

（一）二斑叶螨（红蜘蛛）

1. 发生

30℃前后的高温条件下，10 天左右就可以从卵到成虫，在低温和高湿的条件下，繁殖会延迟。自然状态下，春季到初夏、秋季发生很多；在温室和大棚栽培中，哪怕是低温期和阴雨季发生也多。

2. 症状

发生初期因为密度低，所以受灾症状不太明显，如果看叶片的表面，会发现白色的小斑点。随着密度增加，成虫和若虫在叶片背面成群造成伤害，叶片变小、变畸形；因为叶绿素被破坏，所以变黄并枯死。在叶下部发生较多，逐渐移动到叶上部。

二斑叶螨受灾症状及天敌放养

3. 管理方法

- 发生初期彻底进行防治，喷洒时保证药剂充分沾到叶片背面。避免连续使用药剂，将有效成分不同的药剂换着进行喷洒
- 发生情况多时，因为成虫、若虫、卵同时存在，所以需要以 5～7 天为间隔，喷洒2～3次药剂
- 作为生物性防治方法，在二斑叶螨发生率在 0～10%时，将天敌智利小植绥螨，按每 200 平方米 2 000 只，以 5 米为间隔，交叉均匀放养至大棚内 1～3 次。

（二）棉蚜

1. 发生

全年都会发生，主要是在开花后造成问题。每代的发育时间短，1 周可进行发育，能存活 1 个月，会产约 79 个卵。1 年会经历 6～22 代之多。只用雌性进行繁殖的单性生殖。

2. 症状

保温开始以后，如果忽视防治，就会在收获期以果序为中心延迟生育，叶片的展开会变得不良。除了直接吸汁之外，也会成为病毒的媒介，用排泄物蜜露引发烟灰霉病，阻止光合作用，降低商品价值。

棉蚜受灾症状

3. 管理方法

- 在育苗大棚彻底防治，移植后，在开花前进行彻底防治
- 母株床为了预防病毒的感染，要用防虫网进行完全覆盖
- 天敌必须在蚜虫发生的初期使用，投放后到僵化需要 4 周的时间

蚜茧蜂（科列马·阿布拉小蜂）寄主植物及僵尸

（三）台湾蓟马

1. 发生

3 月以后气温上升开始活动，在半促成栽培时，气温上升的 4 月其密度会急剧增加，收获后期造成很大伤害。主要发生在温暖的南方地区，喜欢高温干燥的环境。设施内全年能经历 20 代。

2. 症状

成虫和若虫寄生在花上，花会变成黑褐色并且不孕。果皮变成茶褐色，失去商品价值。花上会寄生 20～30 只成虫和若虫，冬季收获的促成栽培中伤害较小，但在半促成或露地栽培中对草莓的危害很大。

发生在花和果实上的蓟马受害症状

3. 管理方法

- 如果花和果实已受害，那么表明防治时期已晚，因此要尽早发现蓟马的发生，在发生初期就要防治
- 经常发生的区域，从 3～4 月开始用放大镜观察花和花蕾，如果发现成虫和若虫，就要进行药剂喷洒
- 清除设施内和周边的杂草，并进行土壤消毒
- 作为生物防治，放养东亚小花蝽和黄瓜纯绥螨

（四）斜纹夜蛾

1. 发生

大棚进行塑料膜覆盖以前在大棚内宿存的幼虫，如果气温上升，冬季也会危害，也会生成虫进行繁殖。预计 1 年经历 5 代，属于高温性害虫，没有休眠。卵期为 7 天，幼虫期为 13 天，蛹期为 10～13 天，成虫寿命为 10～15 天，会以成块的形式生 1 800 个左右的卵，露宿幼虫会用植物体周边土作成茧，变成蛹。

2. 症状

刚从卵生出后，到 2 龄幼虫为止，主要会在叶片的背面成群吃掉除了叶柄之外的叶片。3 龄以后，幼虫会分散，躲在叶片背面或土块之间，分散性地吃掉叶片。

3. 管理方法

- 受灾的叶片摘除，如果成虫发生多，就从认为发生多的时候开始 7～10 天后进行

叶片和果实受夜蛾伤害的症状

防治，重点防治期为第 4 代发生前的 8 月上中旬

- 露地苗圃使用防虫网防止成虫和幼虫流入
- 作为生物防治，有 BT 剂（Bacillus Turingensis，subsp，aizawai）和昆虫病原性线虫
- 使用信息素的防治方法是，在性诱剂诱捕器中放入水和石油安装在大棚内

（五）草莓叶线虫

1. 发生

从露地过冬的母株开始，通过匍匐茎，传染到子苗。只有 1%通过水进行移动，因此，在农户的大棚几乎不会移动。7～8 月，经历第 1 代需要 14～15 天。

2. 症状

寄生在草莓的生长点部分，用刺扎破正在分化为叶芽或花芽的细胞进行吸汁，使细胞死亡。叶片歪曲或产生皱纹，叶片表面变粗并变成深绿色，叶片无法展开，边缘弯曲。叶柄带红色，匍匐茎每节的距离弯短。不能抽生花轴，或花穗减少，受灾严重时，雌蕊像受到冻害一样发生褐变，生长点会枯死，发生很多侧芽。

叶线虫受害症状

3. 管理方法

- 用健康的母株培育子苗
- 用温汤沉浸法，在 45～47℃的水中浸泡 10～15 分钟
- 防止大棚发生水淹

（六）异迟眼蕈蚊

1. 发生

在温度和湿度适合的温室当中，全年都会发生，在落叶等已死亡有机物内的多湿及黑暗的地方繁殖。不仅以霉菌等腐烂的有机物为食，还会危害活着的植物体组织，在使用岩棉、床土、粗糠等培养基的地方会比土壤发生更严重。

2. 症状

直接危害于包括草莓地表部位的土壤中根须或幼根，使根部生长不良。因为深入地表部位茎部，所以阻止水分和营养的移动，造成生长延迟、枯萎，严重时甚至会使植物体枯死。有可能通过幼虫的移动成为炭疽病等病菌传播的媒介。

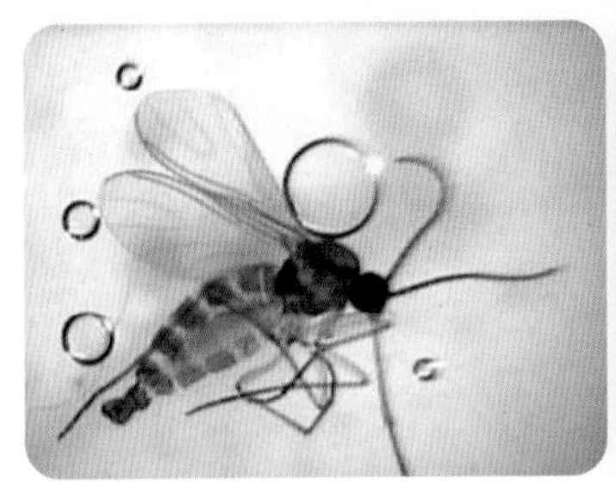
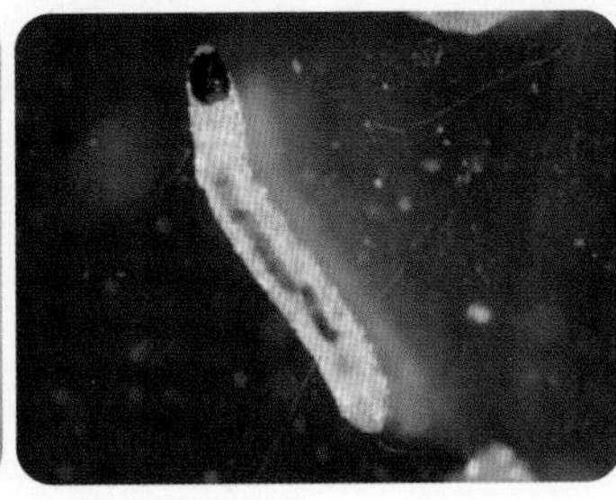
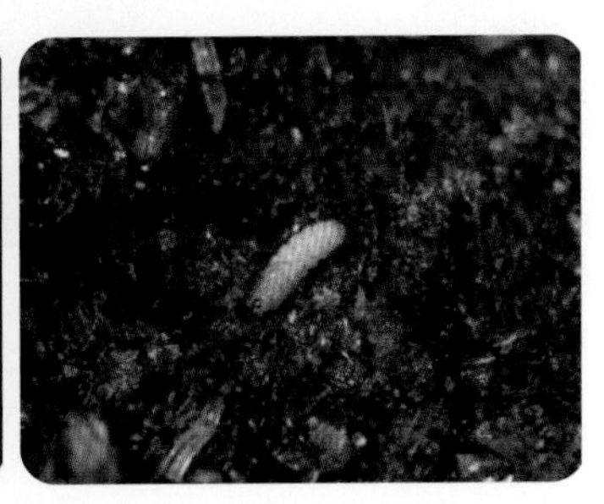

异迟眼蕈蚊形态（成虫、幼虫、蛹）

根茎部发生异迟眼蕈蚊受害症状

3. 管理方法

- 以成虫为对象进行预先观察，将黄色粘蝇胶带安装在育苗底座或地面上面 25 厘米处和育苗底座下面 10 厘米处。
- 春季、秋季、冬季通过预先观察，在适当的时期进行防治，经常发生的育苗场，如果诱捕的成虫数量达到每根胶带 50～100 只时，母株的枯死率会达到 30%，因此特别要注意防治时期的选择。

（七）草莓叶甲虫

1. 发生

春季气温达到 7～8℃开始活动，4 月中旬以后，连续 2 个月左右持续产卵，产卵后

1～2周孵化成幼虫。幼虫啃食叶片的背面，1个月后变成蛹。蛹5天后变成成虫，快的话5月左右就发生新的成虫。在温暖的地方会经历3～4代。

2. 症状

春季和秋季，成虫和幼虫啃食草莓叶片的背面，形成灾害。幼虫在叶片背面成群进行危害，因为只留表皮，所以被害部位初期呈水渍状，但逐渐会变成褐色、干枯，发生窟窿。

草莓叶甲虫及危害症状

3. 管理方法

- 观察叶片的背面，如果发现幼虫危害，就要喷洒药剂。防治蚜虫时，可以起到同时防治叶甲虫的效果

第五章

韩国研究所培育的新品种

一、研究所培育的草莓新品种

- 圣诞红：2010，适合促成栽培，高硬度，抗白粉病，用于出口
- 玉香：2011，适合半促成栽培，高硬度，用于营养液种植，高方向性
- 韩韵：2011，适合促成栽培，高硬度，大果型，用于出口
- 云香：2011，适合促成栽培，高硬度，大果型，用于出口
- 红珍珠：2012，适合促成栽培，高硬度，高糖度，用于出口
- 甜美人（Honey bell）：2014，适合促成栽培，高硬度，高糖度
- 浆果之星：2014，适合促成栽培，高硬度，高糖度，抗病，用于出口
- 范塔（Fanta）：2016，日中性，高硬度，抗病，用于出口
- 阿尔塔王（Alta king）：2017，适合促成栽培，大果型，品质优
- 奥罗拉：2017，适合半促成栽培，大果型，高硬度
- 锦红：2017，适合促成栽培，中小果，高产
- 大明星（Bigstar）：2018，适合促成栽培，大果型，果色好
- 糖果（Candy）：2018，适合促成栽培，高硬度，高产

表 17　主要品种特性比较

品种	果重（克）	果长（毫米）	果宽（毫米）	糖度（°Brix）	硬度（克/ϕ5 毫米）	种植方式	移植期
圣诞红	23.5	45.9	35.4	11.7	231.5	促成	9 月中旬
甜美人	22.6	43.7	34.2	10.9	213.4	促成	9 月下旬
浆果之星	21.1	41.5	34.5	10.1	349.4	促成	9 月中旬
韩韵	24.4	45.8	37.1	11.0	204.8	促成	9 月上旬

注：调查时间：2017 年 11 月至 2018 年 2 月。

浆果之星　　韩韵

各品种收果期：11 月至翌年 3 月

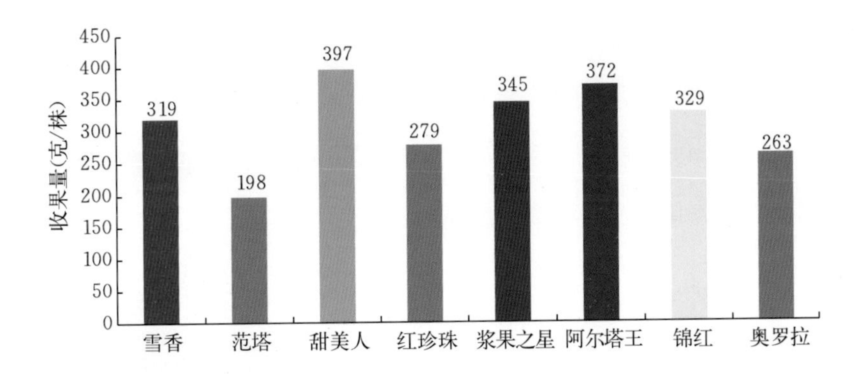

二、新品种介绍

（一）玉香（Okhyang）

1. 培育目标： 培育用于出口的半促成、高硬度品种

2. 培育过程

- 2007 年：早红×章姬
- 实生苗个体选拔：2007 年
- 系统选拔：2008 年（07－C－1－2）
- 品种登记：2014－5152

3. 主要特性

- 株型为开张型，生长势强，叶片接近圆形
- 适合半促成栽培的品种，休眠属于较深的类型
- 糖度 10.1°Brix，硬度（303.1 克/ϕ5 毫米）高，耐贮运
- 比其他品种花轴短，无土栽培时无花轴折断现象

- 每个花序开花数为 11.3 个左右，平均果重为 26.5 克左右
- 果形为心形，颜色是鲜红色
- 属于大果型，中大果比例高，商品性优
- 生育后期产量高，但低温时发生畸形果

（二）韩韵（Hanyun）

1. 培育目标：培育用于出口的高硬度品种

2. 培育过程

- 2007 年：雪香×锦香
- 实生苗个体选拔：2007 年
- 系统选拔：2008 年（07－C－4－A）
- 品种登记：2014－5157

3. 主要特性

- 株型为开张型，生长势强，叶片接近椭圆形
- 适合促成栽培的品种，9 月中旬为移植期
- 糖度 10.6°Brix，硬度（285.0 克/ϕ5 毫米）高，耐贮运
- 相比其他品种，生长势为中等程度，属于高硬度品种
- 每个花序开花数为 11.9 个左右，平均果重为 27.9 克左右
- 果实为圆锥形，颜色是深红色
- 属于大果型，中大果比例高，商品性优
- 对白粉病、炭疽病具有中等抗性
- 如果移植期过早，会发生自封顶的现象

（三）红美人（Redbell）

1. 培育目标：培育适合促成栽培的高硬度品种

2. 培育过程

- 2007 年：锦香偶然实生（通过自然授粉生产种子）

- 实生苗个体选拔：2007 年
- 系统选拔：2008 年（07－S－22）
- 登记编号：2015－5718

3. 主要特性
- 株型为半直立型，生长势强，叶片为椭圆形
- 适合促成栽培，休眠浅，花芽分化快
- 糖度 12.1°Brix，硬度（216.3 克/ϕ5 毫米）高，耐贮运
- 每个花序开花数为 12 个左右，平均果重为 23.2 克左右
- 果形为长圆锥形，畸形果发生少
- 白粉病的抗性较弱，果肉的软化速度快
- 育苗时中断氮素时间长，会发生过度花芽分化的现象
- 因叶片数少，所以可略微密植

（四）甜美人（Honeybell）

1. 培育目标：培育用于出口的高硬度品种
2. 培育过程
- 2009 年：雪香×圣诞红
- 实生苗个体选拔：2010 年
- 系统选拔：2011 年（09－S－1－9）
- 登记编号：2015－6479

3. 主要特性
- 株型为半开张型，匍匐茎中花青素含量偏低
- 适合促成栽培，花芽分化中等程度
- 糖度 10.8°Brix，硬度（216.3 克/ϕ5 毫米）高，耐贮运
- 匍匐茎抽生数量较少
- 每个花序开花数为 12.6 个左右，平均果重为 22.7 克左右
- 果形接近长圆锥形，果实表面种子属于半凸出型
- 白粉病、镰孢枯萎病的抗性强

（五）浆果之星（Berrystar）

1. 培育目标： 培育适合促成栽培的高硬度品种

2. 培育过程

- 2010 年：圣诞红×07－S－28
- 实生苗个体选拔：2011 年
- 系统选拔：2011 年（10－2－2）
- 登记编号：2017－6478

3. 主要特性

- 株型为直立型，生长势强，叶片接近圆形
- 适合促成栽培，休眠浅，花芽分化中等程度
- 糖度 9.8°Brix，硬度（349.5 克/ϕ5 毫米）高，耐贮运
- 匍匐茎抽生能力强，有利于繁殖
- 每个花序开花数为 15 个左右，平均果重为 28.2 克左右
- 果形为心形，底部尖
- 1 花序及 2 花序的早期发育性能好，生产性优
- 白粉病、炭疽病、镰孢枯萎病的抗性强，蚜虫和螨等害虫抗性强

（六）范塔（Fanta）

1. 培育目标： 培育日中性、高硬度、用于出口的品种

2. 培育过程

- 2012 年：韩韵×阿尔宾（Albion）
- 实生苗个体选拔：2012 年
- 系统选拔：2013 年（12－S－2－12）
- 登记编号：2018－7344

3. 主要特性

- 株型为开张型，接近日中性
- 日中性，无休眠，可以在夏季种植
- 糖度 9.1°Brix，硬度（470.5 克/ϕ5 毫米）高，耐贮运
- 匍匐茎抽生能力强，有利于繁殖
- 每个花序开花数为 8 个左右，平均果重为 25.2 克左右
- 果形为长圆锥形，底部尖
- 果实的颜色为深红色，过熟时变成暗红色
- 易感白粉病，但抗镰孢枯萎病，螨发生情况严重

（七）阿尔塔王（Altaking）

1. 培育目标： 培育适合促成栽培、高硬度、用于出口的品种

2. 培育过程

- 2013 年：12－S－4×圣诞红
- 实生苗个体选拔：2014 年
- 系统选拔：2014 年（13－S－6－3）
- 专利申请号：2017－305

3. 主要特性

- 株型接近直立，适合促成栽培的品种
- 果形为长圆锥形，与章姬类似
- 开花期早，每个花序的花少
- 对镰孢枯萎病、炭疽病的抗性弱

表 18　阿尔塔王和雪香的特性比较

品种	移植期（月/日）	果重（克）	糖度（°Brix）	硬度（克/毫米²）	酸度（%）	白粉病抗性
阿尔塔王	9/10	26.5	10.3	13.1	0.5	中
雪香（对照品种）	9/10	25.5	10.7	12.9	0.4	中

（八）锦红（Kumhong）

1. **培育目标：** 培育适合促成栽培的中小果型品种
2. **培育过程**
   - 2013 年：12－S－4×圣诞红
   - 实生苗个体选拔：2014 年
   - 系统选拔：2014 年（13－S－6－3）
   - 专利申请号：2017－304
3. **主要特性**
   - 株型接近半开张，适合促成栽培的品种
   - 中小型果实的品种，果形为心形，肩部圆润
   - 开花期早，每个花序开花数多
   - 对镰孢枯萎病、炭疽病的抗性弱

表 19　锦红和雪香的特性比较

品种	移植期（月/日）	果重（克）	糖度（°Brix）	硬度（克/毫米²）	酸度（%）	白粉病抗性
锦红	9/10	21.3	10.6	14.3	0.3	中
雪香（对照品种）	9/10	25.5	10.7	12.9	0.4	中

（九）奥罗拉（Orora）

1. 培育目标： 培育适合半促成栽培的大果型品种

2. 培育过程

- 2013 年：12 - S - 3×圣诞红
- 实生苗个体选拔：2014 年
- 系统选拔：2014 年（13 - S - 5 - 2）
- 专利申请号：2017 - 303

3. 主要特性

- 株型接近半直立，适合半促成栽培
- 果形为心形，深色的大果型
- 开花期晚，每个花序的开花数少
- 对镰孢枯萎病、炭疽病、白粉病具有中等抗性

表 20　奥罗拉和雪香的特性比较

品种	移植期（月/日）	果重（克）	糖度（°Brix）	硬度（克/毫米^2）	酸度（%）	白粉病抗性
奥罗拉	9/20	29.8	9.9	20.9	0.7	中
雪香（对照品种）	9/10	25.5	10.7	12.9	0.4	中

（十）糖果（Candy）

1. 培育目标： 培育适合促成栽培、高硬度、用于出口的品种

2. 培育过程

- 2014年：圣诞红×12－S－2－6
- 实生苗个体选拔：2014年
- 系统选拔：2014年（14－S－2－1）
- 专利申请号：2018－329

3. 主要特性

- 株型为开张型，叶片的锯齿接近于钝角
- 适合促成栽培，休眠期较长
- 糖度10.3°Brix，硬度（310.5克/ϕ5毫米）高，耐贮运
- 匍匐茎抽生能力中等，对繁殖无影响
- 每个花序开花数为10个左右，平均果重为24.2克左右
- 果形为圆锥形，底部尖
- 果实颜色为深红色，果实颜色好
- 白粉病抗性强，对镰孢枯萎病中等抗性

（十一）大明星（Bigstar）

1. 培育目标：培育适合半促成栽培的大果型品种

2. 培育过程

- 2014年：MSA1×MSC4
- 实生苗个体选拔：2014年
- 系统选拔：2015年（MSA1×MSC4）－1
- 专利申请号：2018－328

3. 主要特性

- 株型半直立型，接近半促成栽培
- 中大型果实，产量高
- 糖度10.0°Brix，硬度（270.4克/ϕ5毫米）高，耐贮运
- 匍匐茎抽生能力强，有利于繁殖
- 每个花序开花数为10个左右，平均果重为25.5克左右
- 果形为长圆锥形，底部尖

- 果实颜色为浅红色
- 抗白粉病、炭疽病抗性强，对害虫的抗性也强

附　录

用于草莓病虫害防治的登记药剂

一、病害防治药剂

1. 白粉病

作用模式	品目名称	制造公司	使用适时及方法	稀释倍数	安全使用期	安全使用次数
Na1+Da3	多菌灵·醚菌酯可湿性粉剂	（株）东方农业（Dongfang Agro）	发病初期以10天为间隔对茎叶进行处理	2 000倍	收果前3天为止	3次以下
Da2	吡唑萘菌胺乳油	圣宝化学（SUNGBO Chemicals）(株)	发病初期以7天为间隔对茎叶进行处理	2 000倍	收果前2天为止	3次以下
	吡唑萘菌胺乳油	先正达韩国（Syngenta Korea）（株）	发病初期以7天为间隔对茎叶进行处理	2 000倍	收果前2天为止	3次以下
	啶酰菌胺水分散粒剂	（株）福阿母韩农	发病初期以7天为间隔对茎叶进行处理	1 500倍	收果前5天为止	3次以下
	氟唑菌酰胺悬浮剂	（株）农协化学（Nonghyup Chemical）	发病初期以7天为间隔对茎叶进行处理	4 000倍	收果前3天为止	3次以下
	吡噻菌胺乳油	(株)庆农(KYUNGNONG)	发病初期以7天为间隔对茎叶进行处理	2 000倍	收果前2天为止	3次以下
Da2+Da3	啶酰菌胺·唑菌胺酯悬浮剂	(株)庆农(KYUNGNONG)	发病初期以10天为间隔对茎叶进行处理	2 000倍	收果前3天为止	3次以下
	啶酰菌胺·唑菌胺酯水分散粒剂	韩国BASF（株）	发病初期以7天为间隔对茎叶进行处理	2 000倍	收获前5天为止	3次以下
	啶酰菌胺·唑菌胺酯水分散粒剂	(株)庆农(KYUNGNONG)	发病初期以7天为间隔对茎叶进行处理	2 000倍	收果前5天为止	3次以下
	吡噻菌胺·啶氧菌酯悬浮剂	（株）农协化学（Nonghyup Chemical）	发病初期以7天为间隔对茎叶进行处理	2 000倍	收果前3天为止	3次以下
	氟唑菌酰胺·唑菌胺酯悬浮剂	（株）福阿母韩农	发病初期以7天为间隔对茎叶进行处理	2 000倍	育苗期	3次以下
	氟吡菌酰胺·肟菌酯悬浮剂	拜耳作物科学（Bayer crop Science）（株）	发病初期以7天为间隔对茎叶进行处理	4 000倍	收果前2天为止	3次以下

（续）

作用模式	品目名称	制造公司	使用适时及方法	稀释倍数	安全使用期	安全使用次数
Da2+未分类	啶酰菌胺·苯菌酮水分散粒剂	（株）福阿母韩农	发病初期以 7 天为间隔对茎叶进行处理	3 000 倍	收果前 2 天为止	3 次以下
	啶酰菌胺·苯菌酮悬浮剂	（株）农协化学（Nonghyup Chemical）	发病初期以 7 天为间隔对茎叶进行处理	3 000 倍	收果前 3 天为止	2 次以下
	啶酰菌胺·Pyriofenone 悬浮剂	韩国 30（株）	发病初期以 7 天为间隔对茎叶进行处理	2 000 倍	收果前 2 天为止	3 次以下
	氟唑菌酰胺·苯菌酮悬浮剂	（株）Dongfang Agro	发病初期以 7 天为间隔对茎叶进行处理	2 000 倍	收果前 3 天为止	3 次以下
Da3	唑菌胺酯悬浮剂	韩国 30（株）	发病初期以 7 天为间隔对茎叶进行处理	2 000 倍	收果前 2 天为止	3 次以下
	唑菌胺酯乳油	韩国 30（株）	发病初期以 7 天为间隔对茎叶进行处理	4 000 倍	收果前 2 天为止	3 次以下
	唑菌胺酯水分散粒剂	（株）农协化学（Nonghyup Chemical）	发病初期以 7 天为间隔对茎叶进行处理	3 000 倍	收果前 3 天为止	3 次以下
	醚菌酯水分散粒剂	（株）泰俊农化科技	发病初期以 7 天为间隔对茎叶进行处理	4 000 倍	收果前 3 天为止	3 次以下
	醚菌酯水分散粒剂	圣宝化学（SUNGBO Chemicals）（株）	发病初期以 7 天为间隔对茎叶进行处理	4 000 倍	收果前 3 天为止	3 次以下
Da3+Sa1	嘧菌酯，苯醚甲环唑悬浮剂	先正达韩国（Syngenta Korea）（株）	发病初期以 10 天为间隔对茎叶进行处理	4 000 倍	收果前 2 天为止	3 次以下
	醚菌酯·氟菌唑悬浮剂	（株）宇宙科学（HANWARL SCIENCE）	发病初期以 7 天为间隔对茎叶进行处理	2 000 倍	收果前 5 天为止	2 次以下
Da3+A5	嘧菌酯·烯酰吗啉水分散粒剂	（株）泰俊农化科技	发病初期以 7 天为间隔对茎叶进行 3 次处理	2 000 倍	收果前 2 天为止	3 次以下
Da5	消螨多水乳剂	（株）Dongfang Agro	发病初期以 10 天为间隔对茎叶进行处理	1 000 倍	收果前 3 天为止	2 次以下

（续）

作用模式	品目名称	制造公司	使用适时及方法	稀释倍数	安全使用期	安全使用次数
La1	嘧霉胺悬浮剂	拜耳作物科学（Bayer crop Science）（株）	发病初期以 7 天为间隔对茎叶进行处理	1 000 倍	收果前 3 天为止	4 次以下
La1+Ma2	嘧菌环胺・咯菌腈水分散粒剂	先正达韩国（Syngenta Korea）（株）	发病初期以 7 天为间隔对茎叶进行处理	2 500 倍	收果前 7 天为止	2 次以下
La1+Sa1	嘧菌胺・腈菌唑悬浮剂	(株)庆农(KYUNGNONG)	发病初期以 7 天为间隔对茎叶进行处理	1 000 倍	收果前 3 天为止	3 次以下
Ma2+Da2	咯菌腈・异丙噻菌胺悬浮剂	（株）福阿母韩农	发病初期以 7 天为间隔对茎叶进行处理	2 000 倍	收果前 3 天为止	2 次以下
	咯菌腈・吡噻菌胺悬浮剂	圣宝化学（SUNGBO Chemicals）（株）	发病初期以 7 天为间隔对茎叶进行处理	2 000 倍	收果前 3 天为止	3 次以下
Ba6	枯草杆菌 DBB1501 可湿性粉剂	（株）福阿母韩农	发病初期以 7 天为间隔对茎叶进行处理	500 倍	—	—
	枯草杆菌 MBI600 可湿性粉剂	（株）东方农业（DONG-BANG AGRO）	发病初期以 7 天为间隔对茎叶进行处理	2 000 倍	—	—
	白粉寄生孢 AQ94013 可湿性粉剂	（株）绿色生物科技（Green Biotech）	发病初期以 5 天为间隔对茎叶进行处理	1 000 倍	—	—
Sa1	苯醚甲环唑悬浮剂	（株）EXID	发病初期以 7 天为间隔对茎叶进行处理	2 000 倍	收果前 2 天为止	3 次以下
	苯醚甲环唑悬浮剂	半生物（ENBIO）（株）	发病初期以 7 天为间隔对茎叶进行处理	2 000 倍	收果前 2 天为止	3 次以下
	苯醚甲环唑悬浮剂	（株）福阿母韩农	发病初期以 7 天为间隔对茎叶进行处理	2 000 倍	收果前 2 天为止	3 次以下
	苯醚甲环唑悬浮剂	先正达韩国（Syngenta Korea）（株）	发病初期以 7 天为间隔对茎叶进行处理	2 000 倍	收果前 2 天为止	3 次以下
	叶菌唑悬浮剂	（株）东方农业（DONG-BANG AGRO）	发病初期以 7 天为间隔对茎叶进行处理	3 000 倍	收果前 2 天为止	3 次以下
	硅氟唑可湿性粉剂	（株）东方农业（DONG-BANG AGRO）	发病初期以 7 天为间隔对茎叶进行处理	4 000 倍	收果前 2 天为止	3 次以下
	氟醚唑乳油	拜耳作物科学（Bayer crop Science）（株）	发病初期以 7 天为间隔对茎叶进行处理	2 000 倍	收果前 3 天为止	3 次以下

（续）

作用模式	品目名称	制造公司	使用适时及方法	稀释倍数	安全使用期	安全使用次数
Sa1	嗪氨灵 可分散液剂	（株）东方农业（DONG-BANG AGRO）	发病初期以7天为间隔对茎叶进行3次处理	1 000倍	收果前5天为止	3次以下
	氟菌唑 乳油	(株)庆农(KYUNGNONG)	发病初期以7天为间隔对茎叶进行处理	3 000倍	收果前4天为止	4次以下
	氟菌唑 可湿性粉剂	（株）农协化学（Nonghyup Chemical）	发病初期以7天为间隔对茎叶进行处理	4 000倍	收果前2天为止	5次以下
	氯苯嘧啶醇 乳油	（株）福阿母韩农	发病初期以7天为间隔对茎叶进行处理	3 000倍	收果前5天为止	3次以下
	腈苯唑 悬浮剂	（株）宇宙科学（HANWARL SCIENCE）	发病初期以7天为间隔对茎叶进行处理	1 000倍	收果前7天为止	2次以下
	咪鲜胺锰盐 可湿性粉剂	韩国30（株）	发病初期以7天为间隔对茎叶进行处理	2 000倍	收果前3天为止	2次以下
	己唑醇 水分散粒剂	（株）福阿母韩农	发病初期以7天为间隔对茎叶进行处理	2 000倍	收果前2天为止	3次以下
Sa1+Na1	苯醚甲环唑· 甲基硫菌灵 悬浮剂	圣宝化学（SUNGBO Chemicals）（株）	发病初期以7天为间隔对茎叶进行处理	1 000倍	收果前2天为止	3次以下
Sa1+Sa1	喹唑菌酮· 氟醚唑 悬乳剂	（株）福阿母韩农	发病初期以7天为间隔对茎叶进行处理	2 000倍	收果前3天为止	2次以下
	咪鲜胺锰盐· 戊唑醇 可湿性粉剂	韩国30（株）	发病初期以7天为间隔对茎叶进行处理	2 000倍	收果前3天为止	2次以下
Sa1+未分类	苯醚甲环唑· Pyriofenone 悬浮剂	（株）福阿母韩农	发病初期以10天为间隔对茎叶进行处理	2 000倍	收果前3天为止	3次以下
	苯醚甲环唑· 苯菌酮 悬浮剂	(株)庆农(KYUNGNONG)	发病初期以7天为间隔对茎叶进行处理	2 000倍	收果前3天为止	3次以下
A4	多氧菌素B 可溶性粉剂	（株）福阿母韩农	发病初期开始以7天为间隔对茎叶进行处理	5 000倍	收果前3天为止	5次以下
A4+未分类	多氧菌素D· Pyriofenone 可湿性粉剂	(株)庆农(KYUNGNONG)	发病初期以7天为间隔对茎叶进行处理	2 000倍	收果前2天为止	3次以下

（续）

作用模式	品目名称	制造公司	使用适时及方法	稀释倍数	安全使用期	安全使用次数
A5+Da3	达灭芬·唑菌胺酯悬浮剂	（株）东方农业（DONG-BANG AGRO）	发病初期以7天为间隔对茎叶进行处理	2 000倍	收果前2天为止	3次以下
Ka	胺磺铜乳油	韩国30（株）	发病初期以7天为间隔对茎叶进行处理	500倍	收果前3天为止	3次以下
	硫黄水分散粒剂	韩国BASF（株）	发病初期以7天为间隔对茎叶进行处理	500倍	—	—
	硫黄水分散粒剂	（株）农协化学（Nonghyup Chemical）	发病初期以7天为间隔对茎叶进行3次处理	500倍	—	—
	硫黄悬浮剂	（株）泰俊农化科技	发病初期以7天为间隔对茎叶进行处理	1 000倍	—	—
Ka+Da3	双胍三辛烷基苯磺酸盐·吡菌苯威可湿性粉剂	（株）东方农业（DONG-BANG AGRO）	发病初期以7天为间隔对茎叶进行处理	1 000倍	收果前7天为止	2次以下
Ka+A4	双胍三辛烷基苯磺酸盐·多氧菌素B可湿性粉剂	（株）福阿母韩农	发病初期以7天为间隔对茎叶进行处理	1 000倍	收果前3天为止	3次以下
未分类	苯菌酮悬浮剂	（株）福阿母韩农	发病初期以7天为间隔对茎叶进行处理	2 000倍	收果前5天为止	2次以下
	氟噻唑菌腈乳油	（株）东方农业（DONG-BANG AGRO）	发病初期以7天为间隔对茎叶进行处理	5 000倍	收果前2天为止	3次以下
未分类+Sa1	环氟菌胺·己唑醇悬浮剂	韩国30（株）	发病初期以7天为间隔对茎叶进行处理	2 000倍	收果前2天为止	3次以下
	环氟菌胺·硅氟唑悬乳剂	（株）东方农业（DONG-BANG AGRO）	发病初期以7天为间隔对茎叶进行处理	2 000倍	收果前3天为止	2次以下
	环氟菌胺·氟菌唑乳油	(株)庆农(KYUNGNONG)	发病初期以7天为间隔对茎叶进行处理	1 000倍	收果前2天为止	3次以下
	环氟菌胺·苯醚甲环唑悬浮剂	（株）东方农业（DONG-BANG AGRO）	发病初期以7天为间隔对茎叶进行处理	4 000倍	收果前2天为止	3次以下

① 2017年11月为准，农村振兴厅。

② 蓝色——抑制花芽分化和生育；红色——对蜜蜂有毒性的药剂。

③ 作用模式的编码规定：

杀菌剂：가（Ga）、나（Na）、다（Da）、라（La）、마（Ma）、바（Ba）、사（Sa），아（A）、자（Za）、카（Ka）；杀虫剂：1、2、3。

2. 炭疽病

作用模式	品目名称	制造公司	使用适时及方法	稀释倍数	安全使用期	安全使用次数
Da2 + Da3	啶酰菌胺·唑菌胺酯悬浮剂	(株)庆农(KYUNGNONG)	发病初期以7天为间隔对茎叶进行处理	2 000倍	收果前3天为止	3次以下
	氟唑菌酰胺·唑菌胺酯悬浮剂	(株)福阿母韩农	发病初期以7天为间隔对茎叶进行处理	2 000倍	育苗期	3次以下
Da3	嘧菌酯悬浮剂	阿格里真托(Agrigento)(株)	发病初期以10天为间隔对茎叶进行处理	2 000倍	收果前2天为止	3次以下
	嘧菌酯悬浮剂	先正达韩国(Syngenta Korea)(株)	发病初期以10天为间隔对茎叶进行处理	2 000倍	收果前2天为止	3次以下
	嘧菌酯悬浮剂	吖嗪化学(株)	发病初期以10天为间隔对茎叶进行处理	2 000倍	收果前2天为止	3次以下
	嘧菌酯悬浮剂	(株)KC生命科学	发病初期以10天为间隔对茎叶进行处理	2 000倍	收果前2天为止	3次以下
	嘧菌酯悬浮剂	先正达韩国(Syngenta Korea)(株)	发病初期以10天为间隔对茎叶进行处理	2 000倍	收果前2天为止	3次以下
	嘧菌酯悬浮剂	韩国摩干(株)	发病初期以10天为间隔对茎叶进行3次处理	2 000倍	收果前2天为止	3次以下
	嘧菌酯悬浮剂	农场农业技术(FARM AgroTech)(株)	发病初期以7天为间隔对茎叶进行处理	2 000倍	收果前2天为止	3次以下
	嘧菌酯悬浮剂	(株)泰俊农化科技	发病初期以7天为间隔对茎叶进行处理	2 000倍	收果前2天为止	3次以下
	唑菌胺酯水分散粒剂	(株)农协化学(Nonghyup Chemical)	发病初期以7天为间隔对茎叶进行处理	3 000倍	—	—
	唑菌胺酯乳油	韩国30(株)	移植前进行10分钟的母株沉浸处理	4 000倍	收果前2天为止	3次以下
	唑菌胺酯悬浮剂	韩国30(株)	移植前进行10分钟的母株沉浸处理	2 000倍	移植期	1次以下
	唑菌胺酯乳油	韩国30(株)	发病初期以10天为间隔对茎叶进行处理	4 000倍	收果前2天为止	3次以下
	唑菌胺酯乳油	韩国BASF(株)	发病初期以10天为间隔对茎叶进行处理	4 000倍	收果前2天为止	3次以下
	啶氧菌酯水分散粒剂	(株)福阿母韩农	发病初期以7天为间隔对茎叶进行处理	2 000倍	育苗期	3次以下

（续）

作用模式	品目名称	制造公司	使用适时及方法	稀释倍数	安全使用期	安全使用次数
Da3+Sa1	嘧菌酯·戊唑醇悬浮剂	安道麦韩国（株）	发病初期以7天为间隔对茎叶进行处理	3 000倍	育苗期	3次以下
	唑菌胺酯·戊唑醇悬浮剂	圣宝化学（SUNGBO Chemicals）（株）	发病初期以7天为间隔对茎叶进行处理	3 000倍	育苗期	3次以下
Ma3+Da3	异菌脲·肟菌酯可湿性粉剂	（株）东方农业（DONG-BANG AGRO）	发病初期以7天为间隔对茎叶进行处理	1 000倍	育苗床	2次以下
Ma3+Sa1	异菌脲·咪鲜胺锰盐可湿性粉剂	（株）农协化学（Nonghyup Chemical）	发病初期以7天为间隔对茎叶进行处理	1 000倍	收果前2天为止	3次以下
Sa1	苯醚甲环唑水分散粒剂	先正达韩国（Syngenta Korea）（株）	发病初期以7天为间隔对茎叶进行处理	2 000倍	收果前2天为止	3次以下
	咪鲜胺锰盐可湿性粉剂	阿格里真托（Agrigento）（株）	发病初期以7天为间隔对茎叶进行处理	2 000倍	收果前3天为止	2次以下
	咪鲜胺锰盐可湿性粉剂	韩国30（株）	发病初期以7天为间隔对茎叶进行处理	2 000倍	收果前3天为止	2次以下
	苯醚甲环唑水分散粒剂	（株）泰俊农化科技	发病初期以7天为间隔对茎叶处理3次	2 000倍	收果前2天为止	3次以下
Sa1+Da3	氟硅唑·醚菌酯悬浮剂	（株）福阿母韩农	发病初期以7天为间隔对茎叶进行处理	1 000倍	收果前3天为止	3次以下
	喹唑菌酮·肟菌酯悬浮剂	（株）福阿母韩农	发病初期以7天为间隔对茎叶进行处理	2 000倍	育苗期	3次以下
Sa1+Da5	苯醚甲环唑·氟啶胺可湿性粉剂	（株）福阿母韩农	发病初期以7天为间隔对茎叶进行3次处理	2 000倍	育苗床	3次以下
Sa1+Sa1	咪鲜胺锰盐·戊唑醇可湿性粉剂	韩国30（株）	发病初期以10天为间隔对茎叶进行处理	2 000倍	收果前3天为止	2次以下
	咪鲜胺锰盐·戊唑醇可湿性粉剂	韩国30（株）	发病初期以7天为间隔对茎叶进行处理	2 000倍	育苗床	3次以下
	喹唑菌酮·咪鲜胺锰盐可湿性粉剂	圣宝化学（SUNGBO Chemicals）（株）	发病初期以7天为间隔对茎叶进行处理	1 000倍	育苗期	3次以下

（续）

作用模式	品目名称	制造公司	使用适时及方法	稀释倍数	安全使用期	安全使用次数
Sa3+Sa1	环酰菌胺·咪鲜胺锰盐可湿性粉剂	韩国 30（株）	发病初期以 10 天为间隔对茎叶进行处理	1 000 倍	收果前 5 天为止	3 次以下
Ka	克菌丹可湿性粉剂	（株）福阿母韩农	发病初期以 7 天为间隔对茎叶进行处理	500 倍	育苗床	3 次以下
	双胍三辛烷基苯磺酸盐悬浮剂	（株）福阿母韩农	发病初期以 7 天为间隔对茎叶进行处理	1 000 倍	收果前 3 天为止	3 次以下
	百菌清悬浮剂	(株)庆农(KYUNGNONG)	发病初期以 10 天为间隔对茎叶进行处理	1 000 倍	育苗床	3 次以下
Ka+Da3	二氰蒽醌·唑菌胺酯悬乳剂	（株）福阿母韩农	发病初期以 7 天为间隔对茎叶进行处理	2 000 倍	育苗床为止	3 次以下
	双胍三辛烷基苯磺酸盐·吡菌苯威可湿性粉剂	（株）东方农业（DONG-BANG AGRO）	发病初期以 7 天为间隔对茎叶进行处理	1 000 倍	收果前 7 天为止	2 次以下
Ka+Sa1	百菌清·苯醚甲环唑悬浮剂	（株）农协化学（Non-ghyup Chemical）	发病初期以 7 天为间隔对茎叶进行处理	1 000 倍	育苗期	3 次以下

① 蓝色——抑制花芽分化和生育；红色——对蜜蜂有毒性的药剂。

3. 镰孢枯萎病

作用模式	品目名称	制造公司	使用适时及方法	稀释倍数	安全使用期	安全使用次数
8f	威百亩水剂	FMCKOREA（株）	移植 4 周前，进行土壤灌注	60 升（原液）/1 000 米^2	移植 4 周前	1 次以下
Da2+Da3	氟唑菌酰胺·唑菌胺酯悬浮剂	（株）福阿母韩农	移植后以 10 天为间隔进行土壤灌注	2 000 倍（1 升/米^2）	移植后马上	2 次以下
Ba3+Na1	氯唑灵·甲基硫菌灵可湿性粉剂	（株）福阿母韩农	移植后进行土壤灌注	2 000 倍（3 升/米^2）	移植期	1 次以下
Sa1	咪鲜胺锰盐可湿性粉剂	韩国 30（株）	移植刚刚之前开始灌注 10 天	2 000 倍（100 毫升/株）	移植后 20 天内	3 次以下

（续）

作用模式	品目名称	制造公司	使用适时及方法	稀释倍数	安全使用期	安全使用次数
Ka	氢氧化铜可湿性粉剂	（株）大有（DAEYU）	临时栽种后进行土壤灌注	1 000 倍（3 升/米^2）	—	—
	氢氧化铜可湿性粉剂	（株）SMGS	临时栽种后进行土壤灌注	1 000 倍（3 升/米^2）	—	—
	氢氧化铜可湿性粉剂	（株）农协化学（Nonghyup Chemical）	临时栽种后进行土壤灌注	1 000 倍（3 升/米^2）	—	—
	氢氧化铜可湿性粉剂	(株)庆农(KYUNGNONG)	临时栽种后进行土壤灌注	1 000 倍（3 升/米^2）	—	—
	氢氧化铜可湿性粉剂	（株）福阿母韩农	临时栽种后进行土壤灌注	1 000 倍（3 升/米^2）	—	—
	氢氧化铜可湿性粉剂	（株）东方农业（DONGBANG AGRO）	临时栽种后进行土壤灌注	1 000 倍（3 升/米^2）	—	—
	氢氧化铜可湿性粉剂	（株）福阿母韩农	临时栽种后进行土壤灌注	2 000 倍（3 升/米^2）	—	—
未分类	棉隆颗粒	（株）福阿母韩农	移植 3 周前进行土壤混合处理	30 千克/1 000 米^2	—	—

① 蓝色——抑制花芽分化和生育；红色——对蜜蜂有毒性的药剂。

4. 灰霉病

作用模式	品目名称	制造公司	使用适时及方法	稀释倍数	安全使用期	安全使用次数
Na1	多菌灵可湿性粉剂	(株)庆农(KYUNGNONG)	开花后马上开始到收获初期为止，对茎叶进行处理	1 000 倍	收果前 3 天为止	3 次以下
	多菌灵可湿性粉剂	（株）福阿母韩农	开花后马上开始到收获初期为止，对茎叶进行处理	1 000 倍	收果前 3 天为止	3 次以下
	多菌灵可湿性粉剂	圣宝化学（SUNGBO Chemicals）（株）	开花后马上开始到收获初期为止，对茎叶进行处理	1 000 倍	收果前 3 天为止	3 次以下
	多菌灵可湿性粉剂	SMGS（株）	开花后马上开始到收获初期为止，对茎叶进行处理	1 000 倍	收果前 3 天为止	3 次以下
	多菌灵可湿性粉剂	留园生态科学（YouWonEcoScience）（株）	开花后马上开始到收获初期为止，对茎叶进行处理	1 000 倍	收果前 3 天为止	3 次以下

（续）

作用模式	品目名称	制造公司	使用适时及方法	稀释倍数	安全使用期	安全使用次数
Na1	多菌灵可湿性粉剂	（株）东方农业（DONG-BANG AGRO）	开花后马上开始到收获初期为止，对茎叶进行处理	1 000倍	收果前3天为止	3次以下
	多菌灵可湿性粉剂	韩国30（株）	开花后马上开始到收获初期为止，对茎叶进行处理	1 000倍	收果前3天为止	3次以下
	多菌灵可湿性粉剂	（株）由一	开花后马上开始到收获初期为止，对茎叶进行处理	1 000倍	收果前3天为止	3次以下
	多菌灵可湿性粉剂	（株）半生物（ENBIO）	开花后马上开始到收获初期为止，对茎叶进行处理	1 000倍	收果前3天为止	3次以下
	多菌灵可湿性粉剂	（株）农协化学（Non-ghyup Chemical）	开花后马上开始到收获初期为止，对茎叶进行处理	1 000倍	收果前3天为止	3次以下
	多菌灵可湿性粉剂	（株）宇宙科学（HAN-WARL SCIENCE）	开花后马上开始到收获初期为止，对茎叶进行处理	1 000倍	收果前3天为止	3次以下
	甲基硫菌灵可湿性粉剂	（株）半生物（ENBIO）	开花刚刚之前开始，以7天为间隔对茎叶进行处理	1 200倍	收果前3天为止	3次以下
	甲基硫菌灵可湿性粉剂	（株）大有（DAEYU）	开花刚刚之前开始，以7天为间隔对茎叶进行处理	1 200倍	收果前3天为止	1次以下
	甲基硫菌灵可湿性粉剂	（株）东方农业（DONG-BANG AGRO）	开花刚刚之前开始，以7天为间隔对茎叶进行处理	1 200倍	收果前3天为止	3次以下
	甲基硫菌灵可湿性粉剂	（株）DAISHIN CHEMI-CAL	开花刚刚之前开始，以7天为间隔对茎叶进行处理	1 200倍	收果前3天为止	3次以下
	甲基硫菌灵可湿性粉剂	（株）半生物（ENBIO）	开花刚刚之前开始，以7天为间隔对茎叶进行处理	1 200倍	收果前3天为止	3次以下
	甲基硫菌灵可湿性粉剂	圣宝化学（SUNGBO Chemicals）（株）	开花刚刚之前开始，以7天为间隔对茎叶进行处理	1 200倍	收果前3天为止	2次以下
	甲基硫菌灵可湿性粉剂	（株）庆农（KYUNGNONG）	开花刚刚之前开始，以7天为间隔对茎叶进行处理	1 200倍	收果前3天为止	3次以下
	甲基硫菌灵可湿性粉剂	韩国30（株）	开花刚刚之前开始，以7天为间隔对茎叶进行处理	1 200倍	收果前3天为止	3次以下

（续）

作用模式	品目名称	制造公司	使用适时及方法	稀释倍数	安全使用期	安全使用次数
Na1	甲基硫菌灵可湿性粉剂	（株）农协化学（Nonghyup Chemical）	开花刚刚之前开始，以7天为间隔对茎叶进行处理	1 200倍	收果前3天为止	3次以下
	甲基硫菌灵可湿性粉剂	留园生态科学（YouWonEcoScience）（株）	开花刚刚之前开始，以7天为间隔对茎叶进行处理	1 200倍	收果前3天为止	3次以下
	甲基硫菌灵可湿性粉剂	（株）新农农场化学（SHINNONG FARM CHEMICALS）	开花刚刚之前开始，以7天为间隔对茎叶进行处理	1 200倍	收果前3天为止	3次以下
	甲基硫菌灵可湿性粉剂	（株）宇宙科学（HANWARL SCIENCE）	开花刚刚之前开始，以7天为间隔对茎叶进行处理	1 200倍	收果前3天为止	3次以下
	甲基硫菌灵可湿性粉剂	（株）福阿母韩农	开花刚刚之前开始，以7天为间隔对茎叶进行处理	1 200倍	收果前3天为止	3次以下
	甲基硫菌灵可湿性粉剂	SMGS（株）	开花刚刚之前开始，以7天为间隔对茎叶进行处理	1 200倍	收果前3天为止	3次以下
Na1+Na2	多菌灵·乙霉威可湿性粉剂	（株）东方农业（DONGBANG AGRO）	发病初期开始以7天为间隔对茎叶进行处理	1 000倍	收果前2天为止	4次以下
	乙霉威·甲基硫菌灵可湿性粉剂	（株）东方农业（DONGBANG AGRO）	发病初期以7天为间隔对茎叶进行处理	1 000倍	收果前3天为止	3次以下
Na1+La1	多菌灵·嘧菌胺悬浮剂	(株)庆农(KYUNGNONG)	发病初期以7天为间隔对茎叶进行处理	1 000倍	收果前3天为止	3次以下
Da2	啶酰菌胺水分散粒剂	阿格里真托（Agrigento）（株）	发病初期以7天为间隔对茎叶进行处理	1 500倍	收果前5天为止	3次以下
	啶酰菌胺水分散粒剂	（株）福阿母韩农	发病初期以7天为间隔对茎叶进行处理	1 500倍	收果前5天为止	3次以下
	啶酰菌胺可溶性片剂	（株）福阿母韩农	发病初期以7天为间隔对茎叶进行处理	1 500倍	收果前5天为止	3次以下
	异丙噻菌胺悬浮剂	韩国30（株）	发病初期以7天为间隔对茎叶进行处理	1 500倍	收果前3天为止	2次以下

（续）

作用模式	品目名称	制造公司	使用适时及方法	稀释倍数	安全使用期	安全使用次数
Da2	吡噻菌胺乳油	(株)庆农(KYUNGNONG)	发病初期以7天为间隔对茎叶进行处理	4 000倍	收果前2天为止	3次以下
	氟吡菌酰胺悬浮剂	拜耳作物科学（Bayer crop Science）（株）	发病初期开始以7天为间隔对茎叶进行处理	4 000倍	收果前2天为止	3次以下
	氟唑菌酰胺颗粒烟熏剂	（株）东方农业（DONG-BANG AGRO）	发病初期以7天为间隔进行烟熏处理	150克/1 000米³	收果前2天为止	3次以下
	氟唑菌酰胺悬浮剂	（株）农协化学（Non-ghyup Chemical）	发病初期以7天为间隔对茎叶进行处理	2 000倍	收果前3天为止	3次以下
Da2+Da3	啶酰菌胺·醚菌酯悬浮剂	圣宝化学（SUNGBO Chem-icals）（株）	发病初期以7天为间隔对茎叶进行处理	1 000倍	收果前2天为止	3次以下
	啶酰菌胺·唑菌胺酯悬乳剂	(株)庆农(KYUNGNONG)	发病初期以7天为间隔对茎叶进行处理	750倍	收果前3天为止	3次以下
	氟唑菌酰胺·唑菌胺酯悬浮剂	（株）福阿母韩农	发病初期以7天为间隔对茎叶进行处理	2 000倍	育苗期	3次以下
Da2+Ma2	啶酰菌胺·咯菌腈悬乳剂	（株）福阿母韩农	发病初期以7天为间隔对茎叶进行处理	1 000倍	收果前2天为止	3次以下
Da2+Sa1	啶酰菌胺·氟菌唑可湿性粉剂	韩国30（株）	发病初期以7天为间隔对茎叶进行处理	1 000倍	收果前2天为止	3次以下
Da2+未分类	氟唑菌酰胺·苯菌酮悬浮剂	（株）东方农业（DONG-BANG AGRO）	发病初期以7天为间隔对茎叶进行处理	2 000倍	收果前3天为止	3次以下
Da3+Ma2	嘧菌酯·咯菌腈可湿性粉剂	半生物（ENBIO）（株）	发病初期以7天为间隔对茎叶进行处理	2 500倍	收果前3天为止	3次以下
	嘧菌酯·咯菌腈悬浮剂	（株）宇宙科学（HAN-WARL SCIENCE）	发病初期以7天为间隔对茎叶进行处理	2 000倍	收果前3天为止	3次以下

（续）

作用模式	品目名称	制造公司	使用适时及方法	稀释倍数	安全使用期	安全使用次数
La1	嘧菌胺可湿性粉剂	(株)庆农(KYUNGNONG)	发病初期以 7 天为间隔对茎叶进行处理	2 000 倍	收果前 2 天为止	4 次以下
La1	嘧霉胺悬浮剂	拜耳作物科学（Bayer crop Science）（株）	发病初期开始以 7 天为间隔对茎叶进行处理	1 000 倍	收果前 3 天为止	4 次以下
La1+Ma2	嘧菌环胺·咯菌腈水分散粒剂	先正达韩国先正达韩国（Syngenta Korea）（株）	发病初期以 7 天为间隔对茎叶进行处理	2 000 倍	收果前 7 天为止	2 次以下
Ma2	咯菌腈颗粒烟熏剂	阿格里真托（Agrigento）（株）	发病初期以 7 天为间隔进行烟熏处理	300 克/1 000 米^2	收果前 2 天为止	5 次以下
Ma2	咯菌腈颗粒烟熏剂	（株）福阿母韩农	发病初期以 7 天为间隔进行烟熏处理	300 克/1 000 米^2	收果前 2 天为止	5 次以下
Ma2	咯菌腈颗粒烟熏剂	吖嗪化学（株）	发病初期以 7 天为间隔进行烟熏处理	300 克/1 000 米^2	收果前 2 天为止	5 次以下
Ma2	咯菌腈可分散液剂	(株)庆农(KYUNGNONG)	发病初期以 7 天为间隔对茎叶进行处理	2 000 倍	收果前 3 天为止	3 次以下
Ma2	咯菌腈悬浮剂	（株）农协化学（Non-ghyup Chemical）	发病初期以 7 天为间隔对茎叶进行处理 3 次	2 000 倍	收果前 3 天为止	3 次以下
Ma2	咯菌腈悬浮剂	吖嗪化学（株）	发病初期以 7 天为间隔对茎叶进行处理	2 000 倍	收果前 3 天为止	3 次以下
Ma2	咯菌腈悬浮剂	（株）EXID	发病初期以 7 天为间隔对茎叶进行处理	2 000 倍	收果前 3 天为止	3 次以下
Ma2	咯菌腈悬浮剂	农场农业技术（FARM AgroTech）（株）	发病初期以 7 天为间隔对茎叶进行处理	2 000 倍	收果前 3 天为止	3 次以下
Ma2	咯菌腈悬浮剂	（株）KC 生命科学	发病初期以 7 天为间隔对茎叶进行处理	2 000 倍	收果前 3 天为止	3 次以下
Ma2	咯菌腈悬浮剂	（株）宇宙科学（HAN-WARL SCIENCE）	发病初期以 7 天为间隔对茎叶进行处理	2 000 倍	收果前 3 天为止	3 次以下
Ma2	咯菌腈悬浮剂	半生物（ENBIO）（株）	发病初期以 7 天为间隔对茎叶进行处理	2 000 倍	收果前 3 天为止	3 次以下
Ma2	咯菌腈悬浮剂	阿格里真托（Agrigento）（株）	发病初期以 7 天为间隔对茎叶进行处理	2 000 倍	收果前 3 天为止	3 次以下

（续）

作用模式	品目名称	制造公司	使用适时及方法	稀释倍数	安全使用期	安全使用次数
Ma2	咯菌腈悬浮剂	（株）申荣农业	发病初期以7天为间隔对茎叶进行处理	2 000倍	收果前3天为止	3次以下
	咯菌腈悬浮剂	（株）泰俊农化科技	发病初期以7天为间隔对茎叶进行处理	2 000倍	收果前3天为止	3次以下
	咯菌腈悬浮剂	（株）福阿母韩农	发病初期以7天为间隔对茎叶进行处理	2 000倍	收果前3天为止	3次以下
Ma2+Da2	咯菌腈·异丙噻菌胺悬浮剂	（株）福阿母韩农	发病初期以7天为间隔对茎叶进行处理	2 000倍	收果前3天为止	2次以下
	咯菌腈·吡噻菌胺悬浮剂	圣宝化学（SUNGBO Chemicals）（株）	发病初期以7天为间隔对茎叶进行处理	2 000倍	收果前3天为止	3次以下
Ma2+Ma3	咯菌腈·异菌脲颗粒烟熏剂	（株）农协化学（Nonghyup Chemical）	发病初期以7天为进行烟熏处理	150克/1 000米^3	收果前2天为止	3次以下
Ma3	异菌脲可湿性粉剂	（株）SMGS	开花刚刚之前开始，以7～10天为间隔对茎叶进行处理	1 000倍	收果前3天为止	4次以下
	异菌脲可湿性粉剂	（株）福阿母韩农	开花刚刚之前开始，以7～10天为间隔对茎叶进行处理	1 000倍	收获前3天为止	4次以下
	异菌脲可湿性粉剂	（株）宇宙科学（HANWARL SCIENCE）	开花刚刚之前开始，以7～10天为间隔对茎叶进行处理	1 000倍	收果前3天为止	4次以下
	异菌脲可湿性粉剂	半生物（ENBIO）（株）	开花刚刚之前开始，以7～10天为间隔对茎叶进行处理	1 000倍	收果前3天为止	4次以下
	异菌脲可湿性粉剂	（株）农协化学（Nonghyup Chemical）	开花刚刚之前开始，以7～10天为间隔对茎叶进行处理	1 000倍	收果前3天为止	4次以下
	异菌脲可湿性粉剂	（株）大有（DAEYU）	开花刚刚之前开始，以7～10天为间隔对茎叶进行处理	1 000倍	收果前3天为止	4次以下
	异菌脲可湿性粉剂	（株）KC生命科学	开花刚刚之前开始，以7～10天为间隔对茎叶进行处理	1 000倍	收果前3天为止	4次以下

（续）

作用模式	品目名称	制造公司	使用适时及方法	稀释倍数	安全使用期	安全使用次数
Ma3	异菌脲 可湿性粉剂	阿格里真托（Agrigento）（株）	开花刚刚之前开始，以7～10天为间隔对茎叶进行处理	1 000倍	收果前3天为止	4次以下
	异菌脲 悬浮剂	圣宝化学（SUNGBO Chemicals）（株）	发病初期以7天为间隔对茎叶进行处理	1 000倍	收果前2天为止	3次以下
	腐霉利 颗粒烟熏剂	（株）东方农业（DONG-BANG AGRO）	发病初期以7天为进行烟熏处理	120克/1 000米^2	收果前5天为止	3次以下
	腐霉利 粉剂	（株）东方农业（DONG-BANG AGRO）	开花刚刚之前开始，以7～10天为间隔	300克/1 000米^2	收果前2天为止	3次以下
	腐霉利 可湿性粉剂	（株）东方农业（DONG-BANG AGRO）	开花刚刚之前开始，对茎叶进行处理	1 000倍	收果前5天为止	3次以下
	腐霉利 颗粒烟熏剂	（株）宇宙科学（HAN-WARL SCIENCE）	开花刚刚之前开始，进行烟熏处理	120克/1 000米^2	收果前5天为止	3次以下
	腐霉利 颗粒烟熏剂	半生物（ENBIO）（株）	开花刚刚之前开始，进行烟熏处理	120克/1 000米^2	收果前5天为止	3次以下
	腐霉利 可湿性粉剂	(株)庆农(KYUNGNONG)	开花刚刚之前开始，对茎叶进行处理	1 000倍	收果前5天为止	3次以下
	腐霉利 可湿性粉剂	半生物（ENBIO）（株）	开花刚刚之前开始，对茎叶进行处理	1 000倍	收果前5天为止	3次以下
	腐霉利 可湿性粉剂	留园生态科学（You-WonEcoScience）（株）	开花刚刚之前开始，对茎叶进行处理	1 000倍	收果前5天为止	3次以下
	腐霉利 可湿性粉剂	（株）福阿母韩农	开花刚刚之前开始，对茎叶进行处理	1 000倍	收果前5天为止	3次以下
	腐霉利 可湿性粉剂	阿格里真托（Agrigento）（株）	开花刚刚之前开始，对茎叶进行处理	1 000倍	收果前5天为止	3次以下
	腐霉利 可湿性粉剂	（株）农协化学（Non-ghyup Chemical）	开花刚刚之前开始，对茎叶进行处理	1 000倍	收果前5天为止	3次以下
	腐霉利 可湿性粉剂	（株）KC生命科学	开花刚刚之前开始，对茎叶进行处理	1 000倍	收果前5天为止	3次以下
	腐霉利 可湿性粉剂	（株）宇宙科学（HAN-WARL SCIENCE）	开花刚刚之前开始，对茎叶进行处理	1 000倍	收果前5天为止	3次以下
	腐霉利 可湿性粉剂	SMGS（株）	开花刚刚之前开始，对茎叶进行处理	1 000倍	收果前5天为止	3次以下

（续）

作用模式	品目名称	制造公司	使用适时及方法	稀释倍数	安全使用期	安全使用次数
Ma3+Na1	异菌脲·甲基硫菌灵可湿性粉剂	（株）福阿母韩农	发病初期开始以7天为间隔对茎叶进行处理	1 000倍	收果前3天为止	5次以下
Ma3+Na2	腐霉利·乙霉威颗粒烟熏剂	（株）东方农业（DONG-BANG AGRO）	发病初期开始以7天为间隔进行烟熏处理	120克/1 000米^2	收果前2天为止	3次以下
	腐霉利·乙霉威可湿性粉剂	（株）东方农业（DONG-BANG AGRO）	发病初期开始以7天为间隔对茎叶进行处理	1 000倍	收果前3天为止	3次以下
未分类	羽扇豆球蛋白多肽水剂	FMC韩国（株）	发病初期以7天为间隔对茎叶进行处理	1 000倍	—	—
	胺苯吡菌酮悬浮剂	（株）东方农业（DONG-BANG AGRO）	发病初期以7天为间隔对茎叶进行处理	1 000倍	收果前2天为止	3次以下
	胺苯吡菌酮水分散粒剂	韩国30（株）	发病初期以7天为间隔对茎叶进行处理	2 000倍	收果前2天为止	3次以下
Ba6	枯草杆菌MBI600可湿性粉剂	（株）东方农业（DONG-BANG AGRO）	发病初期以7天为间隔对茎叶进行处理	2 000倍	—	—
	枯草杆菌KBC1010可湿性粉剂	（株）韩国生物化学（KOREA BIO CHEMICAL）	发病前以7天为间隔对茎叶进行处理	200倍	—	—
	枯草杆菌QST713可湿性粉剂	拜耳作物科学（Bayer crop Science）（株）	发病初期以7天为间隔对茎叶进行处理	500倍	—	—
Ba6	枯草杆菌QST713可湿性粉剂	拜耳作物科学（Bayer crop Science）（株）	发病初期以7天为间隔对茎叶进行处理	500倍	—	—
	Simplicillium lamellicola BCP可湿性粉剂	（株）绿色生物科技（Green Biotech）	发病前以7天为间隔对茎叶进行处理3次	500倍	—	—

（续）

作用模式	品目名称	制造公司	使用适时及方法	稀释倍数	安全使用期	安全使用次数
Sa1	氟菌唑乳油	(株)庆农(KYUNGNONG)	发病初期开始7天为间隔	2 000倍	收果前4天为止	4次以下
	咪鲜胺锰盐可湿性粉剂	阿格里真托（Agrigento）(株)	发病初期以7天为间隔对茎叶进行处理	2 000倍	收果前3天为止	2次以下
	咪鲜胺锰盐可湿性粉剂	韩国30（株）	发病初期以7天为间隔对茎叶进行处理	2 000倍	收果前3天为止	2次以下
Sa1+Da3	苯醚甲环唑·吡菌苯威悬浮剂	韩国30（株）	发病初期以7天为间隔对茎叶进行处理	2 000倍	收果前3天为止	3次以下
Sa1+La1	喹唑菌酮·嘧霉胺悬浮剂	韩国30（株）	发病初期以7天为间隔对茎叶进行处理	1 000倍	收果前3天为止	3次以下
Sa3	环酰菌胺可湿性粉剂	（株）农协化学（Nonghyup Chemical）	发病初期以7天为间隔对茎叶进行处理	1 000倍	收果前3天为止	3次以下
	环酰菌胺悬浮剂	拜耳作物科学（Bayer crop Science）（株）	发病初期开始以7天为间隔对茎叶进行处理	1 000倍	收果前2天为止	3次以下
Sa3+Sa1	环酰菌胺·咪鲜胺锰盐可湿性粉剂	韩国30（株）	发病初期以7天为间隔对茎叶进行处理	1 000倍	收果前5天为止	3次以下
Sa3+Ka	环酰菌胺·双胍三辛烷基苯磺酸盐可湿性粉剂	（株）福阿母韩农	发病初期以7天为间隔对茎叶进行处理	1 000倍	收果前5天为止	3次以下
Ka	双胍三辛烷基苯磺酸盐悬浮剂	（株）福阿母韩农	发病初期以7天为间隔对茎叶进行处理	1 000倍	收果前3天为止	3次以下
	双胍三辛烷基苯磺酸盐悬浮剂	（株）东方农业（DONG-BANG AGRO）	发病初期以7天为间隔对茎叶进行处理	1 000倍	收果前3天为止	3次以下
	克菌丹可溶性片剂	（株）福阿母韩农	发病初期以7天为间隔对茎叶进行处理	500倍	收果前3天为止	2次以下
	灭菌丹可湿性粉剂	韩国30（株）	开花后马上以7天为间隔对茎叶进行处理	500倍	收果前3天为止	3次以下
	灭菌丹可湿性粉剂	(株)庆农(KYUNGNONG)	开花后马上以7天为间隔对茎叶进行处理	500倍	收果前3天为止	3次以下

（续）

作用模式	品目名称	制造公司	使用适时及方法	稀释倍数	安全使用期	安全使用次数
Ka+Na1	双胍三辛烷基苯磺酸盐·甲基硫菌灵可湿性粉剂	（株）东方农业（DONG-BANG AGRO）	发病初期以7天为间隔对茎叶进行处理	1 000倍	收果前5天为止	3次以下
Ka+Da3	双胍三辛烷基苯磺酸盐·吡菌苯威可湿性粉剂	（株）东方农业（DONG-BANG AGRO）	发病初期以7天为间隔对茎叶进行处理	1 000倍	收果前7天为止	2次以下
非对象	聚氧乙烯甲基聚硅氧烷（Polyoxyeth-ylenemethyl Polysiloxane）水剂	韩国30（株）	发病初期以7天为间隔对茎叶进行处理	6 000倍	—	—

① 蓝色——抑制花芽分化和生育；红色——对蜜蜂有毒性的药剂。

5. 疫病

作用模式	品目名称	制造公司	使用适时及方法	稀释倍数	安全使用期	安全使用次数
Da4+未分类	安美速·霜脲氰悬浮剂	（株）农协化学（Non-ghyup Chemical）	发病初期以7天为间隔对茎叶进行处理	2 000倍	收果前2天为止	3次以下
Da8+A5	唑嘧菌胺·烯酰吗啉悬浮	（株）福阿母韩农	发病刚刚之前以7天为间隔对茎叶进行处理	2 000倍	育苗期	3次以下
A5	双炔酰菌胺悬浮剂	先正达韩国（Syngenta Korea）（株）	发病初期以7天为间隔对茎叶进行处理	2 500倍（150毫升/株）	收果前3天为止	3次以下
A5	苯噻菌胺水分散粒剂	圣宝化学（SUNGBO Chemicals）（株）	发病初期以7天为间隔对茎叶进行处理	3 000倍（150毫升/株）	收果前14天为止	3次以下
未分类	Picarbutrazox悬浮剂	(株)庆农(KYUNGNONG)	发病初期以7天为间隔对茎叶进行处理	1 000倍（150毫升/株）	收果前2天为止	3次以下
未分类	Picarbutrazox悬浮剂	（株）农协化学（Non-ghyup Chemical）	发病初期以7天为间隔对茎叶进行处理	2 000倍（100毫升/株）	收果前3天为止	3次以下

① 蓝色——抑制花芽分化和生育；红色——对蜜蜂有毒性的药剂。

二、虫害防治药剂

1. 螨

作用模式	品目名称	制造公司	使用适时及方法	稀释倍数	安全使用期	安全使用次数
3a	甲氰菊酯乳油	（株）东方农业（DONG-BANG AGRO）	每片叶片发生2～3只时对茎叶进行处理	1 000倍	收果前3天为止	3次以下
	甲氰菊酯乳油	半生物（ENBIO）（株）	每片叶片发生2～3只时对茎叶进行处理	1 000倍	收果前3天为止	3次以下
3a+13	联苯菊酯·溴虫腈颗粒烟熏剂	（株）东方农业（DONG-BANG AGRO）	每片叶片发生2～3只时进行烟熏处理	100克/1 000米^3	收果前2天为止	2次以下
6	雷皮菌素乳油	（株）福阿母韩农	每片叶片发生2～3只时对茎叶进行处理	2 000倍	收果前2天为止	2次以下
	弥拜菌素可湿性粉剂	圣宝化学（SUNGBO Chemicals）（株）	每片叶片发生2～3只时对茎叶进行处理	2 000倍	收果前3天为止	3次以下
	弥拜菌素乳油	拜耳作物科学（Bayer crop Science）（株）	每片叶片看见2～3只时对茎叶进行处理	1 000倍	收果前3天为止	3次以下
	阿维菌素微乳剂	吖嗪化学（株）阿格里真托（Agrigento）（株）	每片叶片发生3～5只时对茎叶进行处理	3 000倍	收果前3天为止	3次以下
	阿维菌素乳油	（株）泰俊农化科技	每片叶片发生2～3只时对茎叶进行处理	3 000倍	收果前2天为止	2次以下
	阿维菌素乳油	（有）龙灯生命科技韩国（Rotam Lifesciences Korea）	每片叶片发生2～3只时对茎叶进行处理	3 000倍	收果前2天为止	2次以下
	阿维菌素乳油	未来农业	每片叶片发生2～3只时对茎叶进行处理	3 000倍	收果前2天为止	2次以下
	阿维菌素乳油	先正达韩国（Syngenta Korea）（株）	每片叶片发生2～3只时对茎叶进行处理	3 000倍	收果前2天为止	2次以下
	阿维菌素乳油	SMGS（株）	每片叶片发生2～3只时对茎叶进行处理	3 000倍	收果前2天为止	2次以下
	阿维菌素乳油	（株）大有（DAEYU）	每片叶片发生2～3只时对茎叶进行处理	3 000倍	收果前2天为止	2次以下

（续）

作用模式	品目名称	制造公司	使用适时及方法	稀释倍数	安全使用期	安全使用次数
6	阿维菌素乳油	（株）绿色城市	每片叶片发生2～3只时对茎叶进行处理	3 000倍	收果前2天为止	2次以下
	阿维菌素乳油	（株）庆农（KYUNGNONG）	每片叶片发生2～3只时对茎叶进行处理	3 000倍	收果前2天为止	2次以下
	阿维菌素乳油	（株）天宇物产	每片叶片发生2～3只时对茎叶进行处理	3 000倍	收果前2天为止	2次以下
	阿维菌素乳油	（株）福阿母韩农	每片叶片发生2～3只时对茎叶进行处理	3 000倍	收果前2天为止	2次以下
	阿维菌素乳油	（株）KC生命科学	每片叶片发生2～3只时对茎叶进行处理	3 000倍	收果前2天为止	2次以下
6+3a	阿维菌素·氟酯菊酯水乳剂	FMC韩国（株）	每片叶片发生2～3只时对茎叶进行处理	2 000倍	收果前3天为止	2次以下
6+4c	阿维菌素·氟啶虫胺腈悬浮剂	（株）东方农业（DONG-BANG AGRO）	每片叶片发生3～5只时对茎叶进行处理	2 000倍	收果前3天为止	3次以下
6+13	阿维菌素·溴虫腈悬浮剂	（株）SHINNONG FARM CHEMICALS	每片叶片发生2～3只时对茎叶进行处理	3 000倍	收果前3天为止	2次以下
6+21a	阿维菌素·喹螨醚悬浮剂	（株）福阿母韩农	每片叶片发生2～3只时对茎叶进行处理	2 000倍	收果前2天为止	2次以下
6+25a	阿维菌素·丁氟螨酯可分散液剂	（株）东方农业（DONG-BANG AGRO）	每片叶片发生3～5只时对茎叶进行处理	1 000倍	收果前2天为止	3次以下
6+28	阿维菌素·氯虫苯甲酰胺悬浮剂	先正达韩国（Syngenta Korea）（株）	每片叶片发生2～3只时对茎叶进行处理	2 000倍	收果前2天为止	3次以下
10a	噻螨酮可湿性粉剂	爱利思达生命科学韩国（株）	每片叶片发生1～2只，对茎叶进行处理	2 000倍	收果前2天为止	2次以下
10b	乙螨唑悬浮剂	（株）东方农业（DONG-BANG AGRO）	每片叶片发生2～3只时对茎叶进行处理	4 000倍	收果前3天为止	3次以下
13	溴虫腈乳油	韩国30（株）	每片叶片发生2～3只时对茎叶进行处理	1 500倍	收果前3天为止	2次以下

（续）

作用模式	品目名称	制造公司	使用适时及方法	稀释倍数	安全使用期	安全使用次数
13+4a	溴虫腈·吡虫啉悬浮剂	半生物（ENBIO）（株）	每片叶片发生2～3只时对茎叶进行处理	2 000倍	收果前3天为止	2次以下
	溴虫腈·噻虫胺悬浮剂	圣宝化学（SUNGBO Chemicals）（株）	每片叶片发生2～3只时对茎叶进行处理	2 000倍	收果前3天为止	2次以下
15	氟虫脲可分散液剂	阿格里真托（Agrigento）（株）	发生初期（每片叶片发生1～2只左右）	1 000倍	收果前2天为止	3次以下
	氟虫脲可分散液剂	圣宝化学（SUNGBO Chemicals）（株）	发生初期（每片叶片发生1～2只左右）	1 000倍	收果前2天为止	3次以下
15+13	双三氟虫脲·溴虫腈悬浮剂	（株）福阿母韩农	每片叶片发生2～3只时对茎叶进行处理	2 000倍	收果前2天为止	2次以下
20b	灭螨醌悬浮剂	（株）庆农（KYUNGNONG）	每片叶片发生2～3只时	1 000倍	收果前2天为止	2次以下
20d+23	联苯肼酯·螺甲螨酯悬浮剂	（株）福阿母韩农	每片叶片发生2～3只时对茎叶进行处理	2 000倍	收果前3天为止	2次以下
20d+12b	联苯肼酯·苯丁锡悬浮剂	半生物（ENBIO）（株）	每片叶片发生2～3只时对茎叶进行处理	2 000倍	收果前3天为止	3次以下
20d+21a	联苯肼酯·哒螨灵悬浮剂	圣宝化学（SUNGBO Chemicals）（株）	每片叶片发生2～3只时对茎叶进行处理	1 000倍	收果前2天为止	2次以下
21a	吡螨胺乳油	先正达韩国（Syngenta Korea）（株）	发生初期对茎叶进行处理	2 000倍	收果前2天为止	2次以下
	唑螨酯悬浮剂	（株）福阿母韩农	发生初期对茎叶进行处理	2 000倍	收果前3天为止	2次以下
	哒螨灵水乳剂	爱利思达生命科学韩国（株）	每片叶片发生2～3只时对茎叶进行处理	1 000倍	收果前5天为止	2次以下
23	螺甲螨酯悬浮剂	（株）福阿母韩农	每片叶片发生2～3只时对茎叶进行处理	2 000倍	收果前2天为止	2次以下
25a	腈吡螨酯悬浮剂	韩国30（株）	每片叶片发生2～3只时对茎叶进行处理	2 000倍	收果前2天为止	3次以下
	丁氟螨酯悬浮剂	（株）东方农业（DONGBANG AGRO）	每片叶片发生2～3只时对茎叶进行处理	2 000倍	收果前2天为止	3次以下

（续）

作用模式	品目名称	制造公司	使用适时及方法	稀释倍数	安全使用期	安全使用次数
25a+10b	腈吡螨酯·乙螨唑悬浮剂	圣宝化学（SUNGBO Chemicals）（株）	每片叶片发生2～3只时对茎叶进行处理	2 000倍	收果前2天为止	2次以下
25a+15	腈吡螨酯·氟虫脲悬浮剂	(株)庆农(KYUNGNONG)	每片叶片发生2～3只，对茎叶进行处理	2 000倍	收果前7天为止	2次以下
25b	Pyflubumide悬浮剂	（株）福阿母韩农	每片叶片发生2～3只时对茎叶进行处理	2 000倍	收果前3天为止	2次以下

① 蓝色——抑制花芽分化和生育；红色——对蜜蜂有毒性的药剂。

2. 蚜虫

作用模式	品目名称	制造公司	使用适时及方法	稀释倍数	安全使用期	安全使用次数
3a	联苯菊酯颗粒烟熏剂	（株）福阿母韩农	多发期进行烟熏处理	50克/米^3	收果前2天为止	2次以下
3a+4a	联苯菊酯·吡虫啉可湿性粉剂	（株）福阿母韩农	多发期对茎叶进行处理	2 000倍	收果前2天为止	3次以下
	七氟菊酯·噻虫嗪颗粒剂	先正达韩国（Syngenta Korea）（株）	移植前进行土壤混合处理	6千克/1 000米^2	移植期	1次以下
3a+13	联苯菊酯·溴虫腈颗粒烟熏剂	（株）东方农业（DONG-BANG AGRO）	多发期进行烟熏处理	100克/1 000米^3	收果前2天为止	2次以下
4a	呋虫胺可湿性粉剂	（株）福阿母韩农	多发期对茎叶进行处理	1 000倍	收果前2天为止	2次以下
	呋虫胺水分散粒剂	（株）农协化学（Nonghyup Chemical）	多发期对茎叶进行处理	2 000倍	收果前2天为止	2次以下
	啶虫脒可分散液剂	圣宝化学（SUNGBO Chemicals）（株）	多发期对茎叶进行处理	2 000倍	收果前2天为止	2次以下
	啶虫脒可湿性粉剂	(株)庆农(KYUNGNONG)	多发期对茎叶进行处理	2 000倍	收果前2天为止	3次以下
	啶虫脒颗粒剂	(株)庆农(KYUNGNONG)	移植前对土壤进行全面处理	3千克/1 000米^2	移植期	1次以下

（续）

作用模式	品目名称	制造公司	使用适时及方法	稀释倍数	安全使用期	安全使用次数
4a	啶虫脒水剂	（株）庆农（KYUNGNONG）	多发期对茎叶进行处理	1 000 倍	收果前 2 天为止	3 次以下
	啶虫脒可溶性粒剂	（株）EXID	多发期对茎叶进行处理	2 000 倍	收果前 2 天为止	3 次以下
	啶虫脒可溶性粒剂	半生物（ENBIO）（株）	多发期对茎叶进行处理	2 000 倍	收果前 2 天为止	3 次以下
	噻虫啉悬浮剂	拜耳作物科学（Bayer crop Science）（株）	多发期对茎叶进行处理	2 000 倍	收果前 2 天为止	3 次以下
4a+4c	啶虫脒·氟啶虫胺腈水分散粒剂	（株）农协化学（Nonghyup Chemical）	多发期对茎叶进行处理	2 000 倍	收果前 3 天为止	2 次以下
4a+5	呋虫胺·乙基多杀菌素水分散粒剂	（株）福阿母韩农	多发期对茎叶进行处理	2 000 倍	收果前 5 天为止	2 次以下
4a+9b	啶虫脒·吡蚜酮水分散粒剂	（株）农协化学（Nonghyup Chemical）	多发期对茎叶进行处理	2 000 倍	收果前 3 天为止	2 次以下
4a+15	啶虫脒·二氟脲可湿性粉剂	韩国 30（株）	多发期对茎叶进行处理	2 000 倍	收果前 2 天为止	3 次以下
	啶虫脒·氟虫脲可湿性粉剂	（株）农协化学（Nonghyup Chemical）	多发期对茎叶进行处理	2 000 倍	收果前 2 天为止	3 次以下
4a+15	噻虫胺·氟虫脲悬浮剂	圣宝化学（SUNGBO Chemicals）（株）	多发期对茎叶进行处理	2 000 倍	收果前 3 天为止	2 次以下
4a+18	啶虫脒·甲氧虫酰肼水分散粒剂	（株）庆农（KYUNGNONG）	多发期对茎叶进行处理	2 000 倍	收果前 2 天为止	3 次以下
4a+22a	啶虫脒·茚虫威可湿性粉剂	（株）福阿母韩农	多发期对茎叶进行处理	1 000 倍	收果前 2 天为止	3 次以下
4a+28	啶虫脒·氟虫双酰胺水分散粒剂	韩国 30（株）	多发期对茎叶进行处理	2 000 倍	收果前 2 天为止	2 次以下

（续）

作用模式	品目名称	制造公司	使用适时及方法	稀释倍数	安全使用期	安全使用次数
4c	氟啶虫胺腈悬浮剂	（株）福阿母韩农	多发期对茎叶进行处理	2 000 倍	收果前 2 天为止	2 次以下
	氟啶虫胺腈水分散粒剂	（株）东方农业（DONG-BANG AGRO）	多发期对茎叶进行处理	2 000 倍	收果前 2 天为止	2 次以下
6+29	埃玛菌素・氟啶虫酰胺水分散粒剂	（株）福阿母韩农	多发期对茎叶进行处理	2 000 倍	收果前 7 天为止	2 次以下
9b	吡蚜酮水分散粒剂	圣宝化学（SUNGBO Chemicals）（株）	多发期对茎叶进行处理	5 000 倍	收果前 2 天为止	3 次以下
	吡蚜酮水分散粒剂	先正达韩国（Syngenta Korea）（株）	多发期对茎叶进行处理	5 000 倍	收果前 2 天为止	3 次以下
18+4a	甲氧虫酰肼・噻虫啉悬浮剂	韩国 30（株）	多发期对茎叶进行处理	2 000 倍	收果前 3 天为止	2 次以下
23	螺虫乙酯悬浮剂	拜耳作物科学（Bayer crop Science）（株）	多发期对茎叶进行处理	2 000 倍	收果前 3 天为止	3 次以下
28	溴氰虫酰胺悬浮剂	（株）福阿母韩农	发生初期对冠部进行灌注处理	8 000 倍（100 毫升/株）	收果前 3 天为止	2 次以下
	溴氰虫酰胺油悬浮剂	（株）福阿母韩农	多发期对茎叶进行处理	2 000 倍	收果前 3 天为止	2 次以下
28+29	氯虫苯甲酰胺・氟啶虫酰胺水分散粒剂	（株）福阿母韩农	多发期对茎叶进行处理	2 000 倍	收果前 2 天为止	2 次以下
29	氟啶虫酰胺可溶性粒剂	（株）农协化学（Nonghyup Chemical）	多发期对茎叶进行处理	10 000 倍	收果前 3 天为止	2 次以下
	氟啶虫酰胺水分散粒剂	（株）福阿母韩农	多发期对茎叶进行处理	3 000 倍	收果前 2 天为止	3 次以下
29+4c	氟啶虫酰胺・氟啶虫胺腈水分散粒剂	韩国 30（株）	多发期对茎叶进行处理	2 000 倍	收果前 3 天为止	2 次以下

① 蓝色——抑制花芽分化和生育；红色——对蜜蜂有毒性的药剂。

3. 异迟眼蕈蚊

作用模式	品目名称	制造公司	使用适时及方法	稀释倍数	安全使用期	安全使用次数
3a+4a	联苯菊酯·吡虫啉可湿性粉剂	(株)福阿母韩农	发生初期10天为间隔，对根茎部进行灌注处理	2 000倍(100毫升/株)	收果前2天为止	3次以下
	联苯菊酯·噻虫胺悬浮剂	圣宝化学(SUNGBO Chemicals)(株)	发生初期10天为间隔，对根茎部进行灌注处理2次	1 000倍(100毫升/株)	收果前2天为止	3次以下
4a	呋虫胺可湿性粉剂	(株)福阿母韩农	发生初期10天为间隔，对根茎部进行灌注处理2次	1 000倍(100毫升/株)	收果前2天为止	2次以下
	呋虫胺水分散粒剂	(株)农协化学(Nonghyup Chemical)	发生初期10天为间隔，对根茎部进行灌注处理	1 000倍(100毫升/株)	收果前3天为止	2次以下
	啶虫脒可湿性粉剂	(株)庆农(KYUNGNONG)	发生初期10天为间隔，对根茎部进行灌注处理	2 000倍(100毫升/株)	收果前2天为止	3次以下
	噻虫嗪水分散粒剂	先正达韩国(Syngenta Korea)(株)	发生初期10天为间隔，对根茎部进行灌注处理	2 000倍(100毫升/株)	收果前2天为止	2次以下
4a+15	啶虫脒·二氟脲可湿性粉剂	韩国30(株)	发生初期10天为间隔，对根茎部进行灌注处理	2 000倍(100毫升/株)	收果前2天为止	3次以下
	啶虫脒·氯芬奴隆悬浮剂	阿格里真托(Agrigento)(株)	发生初期10天为间隔，对根茎部进行灌注处理	4 000倍	收果前2天为止	2次以下
	啶虫脒·氟虫脲可湿性粉剂	(株)农协化学(Nonghyup Chemical)	发生初期10天为间隔，对根茎部进行灌注处理	2 000倍(100毫升/株)	收果前2天为止	2次以下

（续）

作用模式	品目名称	制造公司	使用适时及方法	稀释倍数	安全使用期	安全使用次数
5	乙基多杀菌素水分散粒剂	（株）福阿母韩农	发生初期10天为间隔，对根茎部进行灌注处理2次	2 000倍（100毫升/株）	收果前5天为止	2次以下
6+4a	阿维菌素·啶虫脒微乳剂	(株)庆农(KYUNGNONG)	发生初期10天为间隔，对根茎部进行灌注处理	2 000倍（100毫升/株）	收果前2天为止	2次以下
13	溴虫腈悬浮剂	（株）福阿母韩农	发生初期10天为间隔，对根茎部进行灌注处理2次	2 000倍（100毫升/株）	收果前2天为止	3次以下
15	氯芬奴隆乳油	先正达韩国（Syngenta Korea）（株）	发生初期10天为间隔，对根茎部进行灌注处理	2 000倍	收果前2天为止	2次以下
	氯芬奴隆乳油	（株）农协化学（Nonghyup Chemical）	发生初期10天为间隔，对根茎部进行灌注处理	2 000倍	收果前2天为止	2次以下
	定虫隆乳油	(株)庆农(KYUNGNONG)	发生初期10天为间隔，对根茎部进行灌注处理	2 000倍（100毫升/株）	收果前2天为止	2次以下
	氟苯脲悬浮剂	(株)庆农(KYUNGNONG)	发生初期10天为间隔，对根茎部进行灌注处理	2 000倍（100毫升/株）	收果前3天为止	2次以下
15+4a	二氟脲·吡虫啉可湿性粉剂	爱利思达生命科学韩国（株）	发生初期10天为间隔，对根茎部进行灌注处理2次	2 000倍（100毫升/株）	收果前2天为止	2次以下
18+4a	甲氧虫酰肼·噻虫啉悬浮剂	韩国30（株）	发生初期10天为间隔，对根茎部进行灌注处理	2 000倍（100毫升/株）	收果前3天为止	2次以下
22b	氰氟虫腙乳油	(株)庆农(KYUNGNONG)	发生初期10天为间隔，对根茎部进行灌注处理	2 000倍（100毫升/株）	收果前5天为止	2次以下
28	溴氰虫酰胺悬浮剂	（株）福阿母韩农	发生初期10天为间隔，对根茎部进行灌注处理	8 000倍（100毫升/株）	收果前3天为止	2次以下

① 蓝色——抑制花芽分化和生育；红色——对蜜蜂有毒性的药剂。

4. 蓟马

作用模式	品目名称	制造公司	使用适时及方法	稀释倍数	安全使用期	安全使用次数
4a	呋虫胺 可湿性粉剂	(株)福阿母韩农	发生初期以7天为间隔对茎叶进行处理	1 000倍	收果前2天为止	2次以下
	呋虫胺 水分散粒剂	(株)农协化学(Nonghyup Chemical)	发生初期以7天为间隔对茎叶进行处理	2 000倍	收果前2天为止	2次以下
	啶虫脒 水分散粒剂	未来农业 (株)泰俊农化科技	发生初期以7天为间隔对茎叶进行处理	2 000倍	收果前2天为止	3次以下
	啶虫脒 水剂	(株)庆农(KYUNGNONG)	发生初期以7天为间隔对茎叶进行处理	1 000倍	收果前2天为止	3次以下
	啶虫脒 水分散粒剂	(株)福阿母韩农	发生初期以7天为间隔对茎叶进行处理	2 000倍	收果前2天为止	3次以下
	噻虫啉 悬浮剂	拜耳作物科学(Bayer crop Science)(株)	发生初期以7天为间隔对茎叶进行处理	2 000倍	收果前2天为止	3次以下
	噻虫啉 悬浮剂	阿格里真托(Agrigento)(株)	发生初期以7天为间隔对茎叶进行处理	2 000倍	收果前2天为止	3次以下
5	多杀菌素 可湿性粉剂	(株)福阿母韩农	发生初期以7天为间隔对茎叶进行处理	16 000倍	收果前2天为止	3次以下
	乙基多杀菌素 水分散粒剂	(株)福阿母韩农	发生初期以7天为间隔对茎叶进行处理	2 000倍	收果前5天为止	2次以下
	乙基多杀菌素 悬浮剂	(株)东方农业(DONGBANG AGRO)	发生初期以7天为间隔对茎叶进行处理	2 000倍	收果前7天为止	3次以下
6+25a	阿维菌素·丁氟螨酯 可分散液剂	(株)东方农业(DONGBANG AGRO)	发生初期以7天为间隔对茎叶进行处理	1 000倍	收果前2天为止	3次以下
6+28	阿维菌素·氯虫苯甲酰胺 悬浮剂	先正达韩国(Syngenta Korea)(株)	发生初期以7天为间隔对茎叶进行处理	2 000倍	收果前2天为止	3次以下
6+29	甲维盐·氟啶虫酰胺 水分散粒剂	(株)福阿母韩农	发生初期以7天为间隔对茎叶进行处理2次	2 000倍	收果前7天为止	2次以下
13+4a	溴虫腈·噻虫胺 悬浮剂	圣宝化学(SUNGBO Chemicals)(株)	发生初期以7天为间隔对茎叶进行处理	2 000倍	收果前3天为止	2次以下

（续）

作用模式	品目名称	制造公司	使用适时及方法	稀释倍数	安全使用期	安全使用次数
18+5	甲氧虫酰肼·乙基多杀菌素悬浮剂	(株)庆农(KYUNGNONG)	发生初期以7天为间隔对茎叶进行处理	2 000倍	收果前3天为止	3次以下
28+4a	氟虫双酰胺·噻虫啉悬浮剂	(株)东方农业（DONG-BANG AGRO）	发生初期以7天为间隔对茎叶进行处理	2 000倍	收果前2天为止	2次以下
未分类+5	啶虫丙醚·乙基多杀菌素水乳剂	(株)东方农业（DONG-BANG AGRO）	发生初期以7天为间隔对茎叶进行处理	2 000倍	收果前3天为止	3次以下

① 蓝色——抑制花芽分化和生育；红色——对蜜蜂有毒性的药剂。

5. 甜菜夜蛾

作用模式	品目名称	制造公司	使用适时及方法	稀释倍数	安全使用期	安全使用次数
3a+15	高效氯氟氰菊酯·氯芬奴隆乳油	圣宝化学（SUNGBO Chemicals）(株)	多发期对茎叶进行处理	2 000倍	收果前2天为止	3次以下
3a+4c	高效氯氟氰菊酯·氟啶虫胺腈水剂	(株)福阿母韩农	多发期对茎叶进行处理	2 000倍	收果前3天为止	2次以下
4a+3a	啶虫脒·依芬普司可湿性粉剂	(株)庆农(KYUNGNONG)	多发期对茎叶进行处理	1 000倍	收果前2天为止	3次以下
4a+6	啶虫脒·甲维盐水剂	(株)泰俊农化科技	多发期对茎叶进行处理	2 000倍	收果前2天为止	2次以下
4a+15	噻虫胺·氟虫脲悬浮剂	圣宝化学（SUNGBO Chemicals）(株)	多发期对茎叶进行处理	2 000倍	收果前3天为止	2次以下
	啶虫脒·氟虫脲可湿性粉剂	(株)农协化学（Nonghyup Chemical）	多发期对茎叶进行处理	2 000倍	收果前2天为止	3次以下
	啶虫脒·二氟脲可湿性粉剂	韩国30(株)	多发期对茎叶进行处理	2 000倍	收果前2天为止	3次以下

（续）

作用模式	品目名称	制造公司	使用适时及方法	稀释倍数	安全使用期	安全使用次数
4a+22a	啶虫脒·茚虫威 可湿性粉剂	（株）福阿母韩农	多发期对茎叶进行处理	1 000 倍	收果前 2 天为止	3 次以下
4a+28	啶虫脒·氟虫双酰胺 水分散粒剂	韩国 30（株）	多发期对茎叶进行处理	2 000 倍	收果前 2 天为止	2 次以下
5	乙基多杀菌素 悬浮剂	（株）东方农业（DONG-BANG AGRO）	多发期对茎叶进行处理	2 000 倍	收果前 7 天为止	3 次以下
6	甲维盐 乳油	（株）福阿母韩农	多发期对茎叶进行处理	2 000 倍	收果前 2 天为止	3 次以下
	甲维盐 乳油	（株）长有产业	多发期对茎叶进行处理	2 000 倍	收果前 2 天为止	3 次以下
	甲维盐 乳油	先正达韩国（Syngenta Korea）（株）	多发期对茎叶进行处理	2 000 倍	收果前 2 天为止	3 次以下
	甲维盐 乳油	（株）泰俊农化科技	多发期对茎叶进行处理	2 000 倍	收果前 2 天为止	3 次以下
	甲维盐 乳油	（株）泰俊农化科技	多发期对茎叶进行处理	2 000 倍	收果前 2 天为止	3 次以下
	甲维盐 水剂	（株）KC 生命科学	多发期对茎叶进行处理	2 000 倍	收果前 2 天为止	3 次以下
	甲维盐 水剂	（株）KC 生命科学	多发期对茎叶进行处理	2 000 倍	收果前 2 天为止	3 次以下
	甲维盐 水剂	（株）新农农场化学（SHINNONG FARM CHEMICALS）	多发期对茎叶进行处理	2 000 倍	收果前 2 天为止	3 次以下
	甲维盐 水剂	（株）泰俊农化科技	多发期对茎叶进行处理	2 000 倍	收果前 2 天为止	3 次以下
	甲维盐 水剂	（株）泰俊农化科技	多发期对茎叶进行处理	2 000 倍	收果前 2 天为止	3 次以下
6+29	甲维盐·氟啶虫酰胺 水分散粒剂	（株）福阿母韩农	多发期对茎叶进行处理	2 000 倍	收果前 7 天为止	2 次以下

（续）

作用模式	品目名称	制造公司	使用适时及方法	稀释倍数	安全使用期	安全使用次数
13+4a	溴虫腈·噻虫胺悬浮剂	圣宝化学（SUNGBO Chemicals）（株）	多发期对茎叶进行处理	2 000 倍	收果前 3 天为止	2 次以下
15	双苯氟脲悬浮剂	韩国 30（株）	多发期对茎叶进行处理	2 000 倍	收果前 3 天为止	3 次以下
	氯芬奴隆乳油	绿色农场（株）	多发期对茎叶进行处理	2 000 倍	收果前 2 天为止	2 次以下
	氯芬奴隆乳油	（株）KC 生命科学	多发期对茎叶进行处理	2 000 倍	收果前 2 天为止	2 次以下
	氯芬奴隆乳油	先正达韩国（Syngenta Korea）（株）	多发期对茎叶进行处理	2 000 倍	收果前 2 天为止	2 次以下
	氯芬奴隆乳油	农场农业技术（FARM AgroTech）（株）	多发期对茎叶进行处理	2 000 倍	收果前 2 天为止	2 次以下
	氯芬奴隆乳油	（株）农协化学（Nonghyup Chemical）	多发期对茎叶进行处理	2 000 倍	收果前 2 天为止	2 次以下
	氯芬奴隆乳油	（株）泰俊农化科技	多发期对茎叶进行处理	2 000 倍	收果前 2 天为止	2 次以下
	定虫隆乳油	（株）庆农（KYUNGNONG）	多发期对茎叶进行处理	2 000 倍	收果前 2 天为止	2 次以下
	氟虫脲乳油	圣宝化学（SUNGBO Chemicals）（株）	多发期对茎叶进行处理	2 000 倍	收果前 2 天为止	3 次以下
15+22a	氟虫脲·茚虫威可湿性粉剂	圣宝化学（SUNGBO Chemicals）（株）	多发期对茎叶进行处理	1 000 倍	收果前 5 天为止	2 次以下
18	甲氧虫酰肼悬浮剂	（株）福阿母韩农	多发期对茎叶进行处理	4 000 倍	收果前 2 天为止	3 次以下
	甲氧虫酰肼可湿性粉剂	（株）庆农（KYUNGNONG）	多发期对茎叶进行处理	1 000 倍	收果前 2 天为止	3 次以下
28+4a	甲氧虫酰肼·噻虫啉悬浮剂	韩国 30（株）	多发期对茎叶进行处理	2 000 倍	收果前 3 天为止	2 次以下

（续）

作用模式	品目名称	制造公司	使用适时及方法	稀释倍数	安全使用期	安全使用次数
22a	茚虫威悬浮剂	（株）福阿母韩农	多发期对茎叶进行处理	1 000 倍	收果前 2 天为止	3 次以下
	茚虫威可湿性粉剂	(株)庆农(KYUNGNONG)	多发期对茎叶进行处理	2 000 倍	收果前 2 天为止	2 次以下
	茚虫威乳油	（株）泰俊农化科技	多发期对茎叶进行处理	1 000 倍	收果前 2 天为止	2 次以下
	茚虫威乳油	(株)庆农(KYUNGNONG)	多发期对茎叶进行处理	3 000 倍	收果前 2 天为止	2 次以下
	茚虫威可分散液剂	（株）农协化学（Nonghyup Chemical)	多发期对茎叶进行处理	1 000 倍	收果前 3 天为止	2 次以下
22b	氰氟虫腙悬浮剂	半生物（ENBIO)（株）	多发期对茎叶进行处理	1 500 倍	收果前 5 天为止	2 次以下
28	溴氰虫酰胺可分散液剂	（株）农协化学（Nonghyup Chemical)	多发期对茎叶进行处理	2 000 倍	收果前 3 天为止	2 次以下
	氯虫苯甲酰胺水分散粒剂	（株）福阿母韩农	多发期对茎叶进行处理	2 000 倍	收果前 2 天为止	2 次以下
	氯虫苯甲酰胺可湿性粉剂	（株）农协化学（Nonghyup Chemical)	多发期对茎叶进行处理	2 000 倍	收果前 2 天为止	2 次以下
	氟虫双酰胺悬浮剂	韩国 30（株）	多发期对茎叶进行处理	2 000 倍	收果前 2 天为止	3 次以下
28+29	氯虫苯甲酰胺·氟啶虫酰胺水分散粒剂	（株）福阿母韩农	多发期对茎叶进行处理	2 000 倍	收果前 2 天为止	2 次以下
28+4a	氟虫双酰胺·噻虫啉悬浮剂	（株）东方农业（DONGBANG AGRO)	多发期对茎叶进行处理	2 000 倍	收果前 2 天为止	2 次以下
未分类	啶虫丙醚水乳剂	（株）东方农业（DONGBANG AGRO)	多发期对茎叶进行处理	1 000 倍	收果前 2 天为止	3 次以下

① 蓝色——抑制花芽分化和生育；红色——对蜜蜂有毒性的药剂。

三、韩国登记农药作用模式分类标准

1. 杀菌剂作用模式分类标准

作用模式区分	详细作用模式	标识记号
阻碍生物合成 (核酸及 nucleotide)	● RNA polymerase ● adenosine deaminase ● 阻碍核酸合成 ● DNA topoisomerase	Ga1 Ga2 Ga3 Ga4
阻碍细胞分裂	● Microtubule 生物合成(苯并咪唑系) ● Microtubule 生物合成(苯氨基甲酸酯系) ● Microtubule 生物合成(甲苯酰胺系) ● 细胞分裂阻碍剂(苯脲系) ● spectrin 定位阻碍(苯甲酰胺系)	Na1 Na2 Na3 Na4 Na5
阻碍呼吸 (阻碍能量生成)	● 阻碍复合剂Ⅰ的 NADH 功能 ● 阻碍复合剂Ⅱ的 succinate dehydrogenase ● 阻碍复合剂Ⅲ的 cytochrome bc1 功能(Qol) ● 阻碍复合剂Ⅲ的 cytochrome bc1 功能(Qil) ● 从复合剂Ⅰ移动到复合剂Ⅳ,阻碍氢离子在膜间的移动 ● 阻碍 ATP 合成酶 ● ATP 生成阻碍剂 ● 阻碍复合剂Ⅲ的 cytochrome bc1 功能(Qxli)	Da1 Da2 Da3 Da4 Da5 Da6 Da7 Da8
阻碍氨基酸及蛋白的生物合成	● Methionine 生物合成阻碍剂 ● 在蛋白合成的伸长期和终了期起作用 ● 在蛋白合成开始期起作用(己糖吡喃糖基) ● 在蛋白合成开始期起作用(吡喃葡萄糖基) ● 蛋白合成阻碍剂(四环素)	La1 La2 La3 La4 La5
阻碍信号传送	● 作用机制不明(喹啉) ● 阻碍参透压信号传送酶 MAP(os-2,HOGI) ● 阻碍参透压信号传送酶 MAP(os-1,Daft)	Ma1 Ma2 Ma3
阻碍脂质的生物合成及膜的完整性	● 目前没有 ● 阻碍磷脂质生物合成酶中 methyl transferase 功能 ● 与脂质过氧化有关 ● 阻碍细胞膜的渗透性 ● 目前没有 ● 具备干扰病菌细胞膜、渗透膜功能的微生物 ● 具备干扰病菌细胞膜、渗透膜功能的植物提出物	Ba1 Ba2 Ba3 Ba4 Ba5 Ba6 Ba7

（续）

作用模式区分	详细作用模式	标识记号
阻碍膜上的甾醇生物合成	● 阻碍 lanosterol C－14 demethylase 功能 ● 阻碍 sterol C－8 isomerase ● 阻碍 sterol C－3 ketoreductase 功能 ● 阻碍 squalene epoxidase 功能	Sa1 Sa2 Sa3 Sa4
阻碍细胞壁合成	● 目前没有 ● 目前没有 ● 阻碍 trehalase（glucose 生成）功能 ● 阻碍 chitin 合成 ● 阻碍 cellulose 合成	A1 A2 A3 A4 A5
阻碍细胞膜内的黑色素合成	● 阻碍 hydroxynaphthalene reductase ● 阻碍 scytalone dehydratase	Za1 Za2
诱导寄主植物防御模式	● Benzo－thiadiazol 系 ● 苯并异噻唑系 ● 噻二唑甲酰胺系 ● Polysaccharide 系 ● 蓼科的 giant knotweed 的提取物类似	Ca1 Ca2 Ca3 Ca4 Ca5
多点接触作用	● 保护杀菌剂、无机硫黄剂、无机铜化合物、有机砷化学物质等	Ka
作用机制不明	● 苯菌酮、霜脲氰、环氟菌胺等	Ta

2. 杀虫剂作用模式分类标准

作用模式区分	详细作用模式	标识记号
阻碍乙酰胆碱酯酶功能	● 氨基甲酸酯系 ● 有机磷系	1a 1b
阻碍 GABA 依存的氯的通道	● Cyclodiene organochiorines ● phenypyrazoles	2a 2b
调整 Name 通道	● pyrethroids pyrethrins ● DDT Methxychlor	3a 3b
切断神经传送物质感受器	● neonicotinoids ● nicotine ● sulfoxaflor	4a 4b 4c
神经传送物质感受器亢进	● spinosyns	5
活跃氯通道	● avermectins mibemycins	6
保幼激素作用	● juvenile hormone analogues ● fenoxycarb ● pyriproxyfen	7a 7b 7c

（续）

作用模式区分	详细作用模式	标识记号
多点阻碍（熏剂）	● alkyl halides ● chloropicrin ● sulfuryl fluoride ● borax ● tartar emetic	8a 8b 8c 8d 8e
阻碍半翅目害虫的选择性进食	● pymetrozine ● flonicamid	9b 9c
阻碍螨类生长	● clofentezine hexythiazox diflovidazin ● etoxazole	10a 10b
微生物造成的中长细胞膜破坏	● B. t 和它们的毒性蛋白 ● B. t 亚种	11a 11b
阻碍线粒体 ATP 合成酶	● diafenthiuron ● Organotin miticides ● Propargite ● tetredifon	12a 12b 12c 12d
阻碍氢离子梯度形成	● chlorfenapyr DNOC sulfluramid	13
神经传送物质	● nereistoxin analogues	14
阻碍 O 型壳质合成	● benzoylureas	15
阻碍 I 型壳质合成	● buprofezin	16
阻碍摆脱双翅目昆虫	● cyromazine	17
摆脱激素感受器功能亢进	● diacylhydrazines	18
真蛸胺感觉器功能亢进	● amitraz	19
阻碍电子传送系复合体Ⅲ	● hydramethylnon ● acequinocyl ● fluacrypyrim	20a 20b 20c
阻碍电子传送系复合体Ⅰ	● METI acaricides and insecticides ● Rotenone	21a 21b
封闭电位依赖的 Na 通道	● Indoxacarb ● metaflumizone	22a 22b

3. 除草剂作用模式分类标准

作用模式区分	详细作用模式	标识记号
阻碍脂质的生物合成	● 阻碍 ACCase ● 阻碍其他脂质的生物合成	A N
阻碍氨基酸生物合成	● 阻碍乙酰乳酸合成酶 ● 阻碍 EPSP 合成酶 ● 阻碍谷氨酰胺合成酶	B G H

（续）

作用模式区分	详细作用模式	标识记号
阻碍光合作用	● 在光合系统Ⅱ中阻碍光合作用（三嗪系） ● 在光合系统Ⅱ中阻碍光合作用（尿素系） ● 在光合系统Ⅱ中阻碍光合作用（苯甲酸噻二唑啉系） ● 在光合系统Ⅰ中阻碍光合作用（联吡啶类（bipyridylium）系） ● 阻碍 protoporpyrinogen 氧化酶	C1 C2 C3 D E
阻碍生物合成	● 在 PDS 中阻碍类胡萝卜素生物合成 ● 在 HPPD 中阻碍质体醌的生物合成 ● 阻碍类胡萝卜的生物合成	F1 F2 F3
阻碍 Dihydropteroate 合成酶	● 阻碍 Dihydropteroate 合成酶（黄草灵）	I
阻碍细胞分裂	● 阻碍 microtubule 组合（二硝托胺苯胺（dinit aniline）系） ● 阻碍细胞分裂/microtubule 组成（氨基甲酸酯系） ● 阻碍超长链脂肪酸合成（氯乙酰氨系）	K1 K2 K3
阻碍壁纤维素	● 阻碍细胞壁（纤维素）合成	L
阻碍能量（呼吸）形成	● 阻碍基于解偶联（uncoupling）的氧化磷酸化过程	M
扰乱植物激素的作用	● IAA 类似作用（2，4-D，麦草畏等） ● 阻碍植物生长素的移动（phthalamate 系） ● 作用模式不明（杀草隆、溴丁酰草胺、茚草酮）	O P Z

图书在版编目（CIP）数据

圣诞红与浆果之星草莓种植手册 /（韩）郑钟道等著；张运涛等主译校．—北京：中国农业出版社，2019.12
ISBN 978-7-109-26256-0

Ⅰ.①圣… Ⅱ.①郑… ②张… Ⅲ.①草莓-果树园艺-技术手册 Ⅳ.①S668.4-62

中国版本图书馆 CIP 数据核字（2019）第 269212 号

베리스타 (Berrystar) 딸기 재배 매뉴얼 and 싼타 딸기 재배 매뉴얼
정종도

圣诞红与浆果之星草莓种植手册
SHENGDANHONG YU JIANGGUO ZHIXING CAOMEI ZHONGZHI SHOUCE

中国农业出版社出版
地址：北京市朝阳区麦子店街 18 号楼
邮编：100125
责任编辑：李 蕊 张 利 王琦璐
版式设计：杜 然 责任校对：刘丽香
印刷：北京通州皇家印刷厂
版次：2019 年 12 月第 1 版
印次：2019 年 12 月北京第 1 次印刷
发行：新华书店北京发行所
开本：787mm×1092mm 1/16
印张：6.5
字数：145 千字
定价：80.00 元